엄마의 말투가
아이를 바꾼다

아이의 태도를 바꾸고, 관계를 개선하고,
성적까지 끌어올리는 법

엄마의
말투가

황윤희
(베테랑 공부 컨설턴트)
지음

아이를
바꾼다

유노
라이프
LIFE

기분 좋은 아이는
기꺼이 엄마 말을 듣는다

———

저는 2014년부터 아이들이 공부를 잘할 수 있는 방법을 연구하면서 기분 좋게 공부할 수 있도록 돕는 일을 하고 있습니다. 기분 좋게 공부해야 집중해서 공부할 수 있고 성적이 오르거든요. 여기서 '기분 좋게 공부시키는 것'은 단순히 '도덕적으로 옳은' 혹은 '부모다운' 같은 성품을 말하지 않습니다. 현실적으로 공부를 잘하게 만드는 동력, 즉 에너지입니다. 기분 좋음은 막연하고 추상적인 감정이 아니라 공부를 제대로 잘하게 만들어 주는 힘이란 뜻입니다.

아이가 기분 좋게 공부하려면 부모의 도움이 필요합니다. 그래서 일주일에 한 번은 아이와 부모를 같이 만나서 공부에 대한 생각을 나누고 고민 상담도 해 왔습니다. "공부 못 해도 괜찮다"고 공허한 위로를 해 주는 상담이 아니라 열심히 공부하는 아이로 키우는 데 도움이 되는 방법을 알려 드리고 있습니다. 바로 아이를 기분 좋게 만드는 것입니다. 기분 좋게 공부하면 열심히 공부하게 되거든요.

이렇게 아이와 부모를 상담하는 과정에서 경험한 다양한 사례들을 모아서 이 책을 쓰게 됐습니다. 7년간 공부 컨설팅을 해 오면서 '부모가 아이를 기분 좋게 만드는 기술'을 알려 주는 책이 필요하다는 것을 절실히 느꼈고, 칭찬이 어떻게 부모와의 관계를 개선하고, 아이의 태도를 변화시키고, 성적까지 끌어올리는지 자세히 관찰하고 기록했습니다.

실제로 많은 부모님은 아이를 '기분 좋게 공부시키는 법'을 전혀 모른다는 사실을 깨달았습니다. 아이들은 가정에서 칭찬을 거의 듣지 못하고 자란다는 사실도 알게 되었습니다. 부모님이 공부로는 아이를 칭찬할 일이 거의 없다고 생각하기 때문입니다. 공부 안 하고 빈둥거리는 아이라도 칭찬하라고 말하면 마치 성품 좋은 부모나 가능한 일이라고 여기는 듯했습니다.

이 책에는 공부를 중심으로 부모와 자녀 사이에서 발생할 만한 거의 모든 상황이 망라되어 있습니다. 누구나 쉽게 이해할 수 있고, 무엇보다 공감할 수 있을 것입니다. 이 책을 읽고 나면, "공부가 이런 것인 줄 진작 알았으면 나도 학교 다닐 때 열심히 했을 텐데"라고 부모님이 스스로 말하고 싶어질 것입니다. 그리고 비록 아이가 공부를 못해도 어떻게든 공부시키고 싶어서 칭찬하려고 노력하게 될 것입니다. 아이에게 하는 말 하나하나에 신경을 쓰게 될 것입니다. 그동안 아이의 공부 문제로 고민하고 어찌 하면 좋을지 모르던 부모에게 실제적으로 도움이 될 것입니다. 무엇보다 부모가 가장 바라고 소원하던 대로 아이가 부모 말을 잘 듣고 더 나아가 기꺼이 공부하는 놀라운 일이 일어날 것입니다.

코로나-19 바이러스가 일상에 많은 변화를 가져다주었습니다. 가정에서 부모와 아이가 같이 있는 시간이 많아졌고, 아이가 가정에서 공부하는 시간이 많아졌습니다. 코로나가 아니었다면 절대로 얻을 수 없는 기회가 찾아왔지요. 그 기회란 부모가 가정에서 아이의 공부 뒷바라지를 적극적으로 해 줄 수 있는 기회이며, 아이와 친해질 수 있는 기회이지요.

하지만 부모가 아이를 기분 좋게 공부하도록 돕는 방법을 모르다 보니 부모가 공부하라고 챙겨 줄수록 아이가 고마워하기보다는 오히려 저항하게 됩니다. 분위기는 점점 험악해지고, 관계는 틀어지고, 이 천금 같은 기회를 놓쳐 버리는 안타까운 일이 일어나고 있습니다. 부모도 아이도 어서 다시 학교에 갈 수 있기만 기다릴 뿐, '공부로 다투는 근본적인 원인'에 대해 생각해 볼 여유가 없습니다. 서로 '공부'로 스트레스를 너무 많이 받고 있거든요.

이 책은 싸우지 않아도 얼마든지 매일 아이가 공부하도록 챙겨 줄 수 있다는 사실을 깨닫게 해 줍니다. 엄마가 칭찬으로 공부시키는 기술만 습득하면 아이를 공부시키는 일이 쉽고 재미있어집니다. 결코 복잡하거나 어렵지 않습니다. 아이도 기분 좋게 공부하니 효율이 올라갑니다. 아이를 군이 학원에 맡기지 않아도 됩니다. 엄마가 얼마든지 공부시킬 수 있습니다. 엄마가 국어, 영어, 수학 과목에 대한 전문 지식이 없어도 얼마든지 공부시킬 수 있습니다. 아이를 공부시키는 일과 부모 학력은 아무 상관이 없거든요. 모든 일이 그렇듯이 알면 너무 쉽고 모르면 어렵고 복잡하게 생각되지요.

칭찬이 좋은 줄은 누구나 알고 있습니다. 하지만 칭찬해야 하는 상황에서조차 뭐라고 칭찬해야 할지 모르는 경우가 태반입니다. 왜냐하면 부모인 우리 자신이 칭찬을 들으며 공부한 기억이 거의 없기 때문입니다(우리가 잔소리를 따로 배운 적이 없어도 아주 잘하는 이유는 자주 들은 말이기 때문입니다). 따라서 부모에게 가장 필요한 것도, 부모가 알고 싶은 것도 '칭찬으로 공부시키는 실제 사례'일 것입니다.

이 책에는 제가 칭찬으로 세 아이를 키우고 7년 동안 공부 컨설팅을 하면서 많은 엄마와 아이를 상담한 경험이 종합적으로 녹아 있습니다. 공부 습관, 숙제, 시험, 스마트폰, 휴식 등 공부를 주제로 아이와 부딪히는 여러 상황에서 어떻게 칭찬하면 아이가 기분 좋게 공부할 수 있게 되는지 알려 드리기 위해 구체적인 사례를 가능한

한 많이 담으려 노력했습니다(본문의 사례에 등장하는 이름은 모두 가명입니다). 이 책을 읽기만 하면 누구나 아이를 칭찬으로 공부시킬 수 있도록 아주 쉽게 안내하고 있습니다.

　학교에 가지 못하고 집에서 온라인 수업을 듣는 아이와 그 뒷바라지를 하고 있는 부모, 성적이 좋든 나쁘든 아이와 매일 다투느라 순간순간 우울감을 느끼는 부모, 행복한 아이, 열심히 공부하는 아이로 키우고 싶은 부모, 아이와 사이좋게 지내고 싶은 부모에게 이 책이 도움이 될 것입니다. 특히 벌써부터 공부를 포기한 아이, 학원을 보내고 과외를 시켜도 공부에 진전이 없는 아이 때문에 고민이 많은 부모에게 큰 도움이 될 것입니다.

　엄마의 말투와 공부의 관계를 정립하기까지 가족의 도움이 참으로 컸습니다. 서로 사이 좋게 지내지 못했다면 이 책은 결코 세상에 나오지 못했을 테니까요. 사랑하는 남편, 멋진 두 아들과 며느리, 그리고 예쁘고 사랑스러운 셋째 딸에게 고마운 마음을 전합니다. 무엇보다 "샘이 공부시키는 방법과 제가 알고 있는 방법이 너무 달라서 처음에는 어리둥절했어요"라고 책 쓰기를 권하고 용기를 심어 주고 사례를 제공해 주신 엄마들께도 진심으로 감사를 드립니다.

황윤희 드림

프롤로그

하루 세끼
'칭찬 밥'을 챙겨라

———

우리는 공부 하면 점수나 등수를 생각하는 경우가 많습니다. 그래서 성적 올리는 것이 가장 중요한 일이 됩니다. 아이 공부를 학교와 사설 학원에 맡기는 이유도 전문 지식을 가진 선생님에게 배워야 성적을 올릴 수 있다고 믿기 때문입니다. 선생님처럼 전문 지식이 없는 부모는 아이 공부를 도와줄 방법이 딱히 없다고 여기지요. 정말 그럴까요? 나이가 들면서 자주 깨우치는 것이 있습니다. 바로 인생을 살아가는 데 꼭 필요한 기술을 습득하는 일은 의외로 간단하고 쉽다는 사실입니다.

만약 아이를 공부시키는 방법이 복잡하고 어려워서 전문 지식을 가진 부모, 돈이 많은 부모, 특권층 부모라야 가능하고 그렇지 못한 부모는 아이를 제대로 공부시킬 수 없다면 얼마나 불공평할까요? 우리 같은 보통 부모는 얼마나 억울할까요? 다행히도 부모의 학력이나 전문 지식, 재력, 권력이 자녀를 공부시키는 데 필요한 절대적인 요소가 아닙니다. 심지어 부모의 DNA조차도 아이의 공부와 크게 관계가 없습니다. 공부는 1~2년 하고 끝나는 일이 아니라 최소한 고등학교까지 12년 동안 매일 해야 하는 일이기 때문입니다. 어떤 아이라도 12년 동안 꾸준히 공부하면 잘할 수 있습니다.

공부는 점수나 성적이 아니라 습관입니다. 만약 아이가 공부를 안 하거나 못한다면 그것은 공부 습관을 만들어 주는 일을 실패했기 때문입니다. 이 공부 습관은 아이 공부를 학교나 사설 학원에만 맡겨서는 만들어지지 않습니다. 아이의 모든 습관은 가정에서 부모가 만들어 주는 것입니다. 공부 습관도 부모가 공부시키는 기술을 습득하기만 하면 만들어 줄 수 있습니다. 부모가 국어, 수학, 영어를 배워서 아이에게 가르쳐 주라는 것이 아닙니다. 아이가 기꺼이 국어, 수학, 영어를 공부하게 만드는 기술을 부모가 알면 됩니다.

아이에게 공부는 두 가지가 있습니다. 학교에서 선생님에게 '배우는 공부'와 집에서 '내가 하는 공부'입니다. 여기서 부모가 해야 할 역할은 내가 하는 공부를 돕는 일입니다. 선생님처럼 가르치는 공부가 아니라, 아이가 집중해서 '자기 공부'를 할 수 있는 환경을 만들어 주는 일입니다.

부모의 역할과 선생님의 역할이 이처럼 다른데도 거의 모든 부모가 마치 선생님처럼 아이 공부를 도와주려 합니다. 부모가 아는 공부법 자체가 예전 학생 시절에 학교에서 선생님이 공부시키던 방식밖에 없기 때문입니다. 부모로서 아이를 공부시키는 일과 선생님이 아이를 공부시키는 일이 다른 일이라고 생각하지 못하는 것입니다. '아이가 공부하도록 하려면 어떻게 도와야 하는지' 따로 배운 적이 없습니다. 이것이 부모와 아이가 공부를 둘러싸고 매일 싸우게 된 원인입니다. 아이가 기분 좋게(행복하게) 공부하지 못하고 마치 하기 싫은 일을 억지로 하듯 기분 나쁘게 공부하는 것도 집에서 부모가 선생님처럼 공부시키기 때문입니다.

사실 아이에게 공부시키는 일은 쉽고 간단합니다. 결코 복잡하거나 어렵지 않습니다. 아이가 집에서 '내 공부'를 할 때 필요한 것은 학교나 학원에서 선생님이 수행하는 전문적인 가르침이 아니라 쉼입니다. 부모가 해 주는 따뜻한 밥입니다. 부모가 챙겨 주는 따뜻한 말(칭찬)입니다. 집에 와서 따뜻한 밥 먹고 따뜻한 말(칭찬) 들으면서 쉬고 나면 비로소 내 공부(숙제, 복습)를 할 수 있습니다.

매일 밥을 해서 챙겨 주는 부모라면 누구나 공부시키는 기술을 습득할 수 있습니다. 부모가 아이를 얼마나 예뻐하며 키우느냐에 달려 있을 뿐입니다. '사랑하며'라고 하지 않고 굳이 '예뻐하며'라고

한 것은 '사랑'이라고 하면 성품이나 인품을 떠올릴 수 있기 때문입니다. 성격 좋은 부모만, 성품 좋은 부모만 아이를 예뻐할 수 있는 것은 아니니까요. 남의 자식은 예뻐하기 어려워도 내 자식은 예뻐할 수 있지요. 아이를 예뻐하면서 매일 밥을 챙겨 주듯이 매일 공부하도록 챙겨 주면 됩니다. 그런데 안타깝게도 많은 부모가 매일 따뜻한 밥은 챙겨 주면서도 따뜻한 말(칭찬)을 챙겨 주는 데는 소홀합니다. 따뜻한 말(칭찬)과 공부의 관계를 모르기 때문입니다.

부모가 밥을 해 주기 위해 식단을 고민하듯이 따뜻한 말(칭찬)을 해 주기 위해 칭찬하는 법을 배우면 됩니다. 칭찬하는 말은 저절로 나오지 않거든요. 화내고 소리치거나 잔소리할 필요 없습니다. 부드럽고 따뜻한 말로도 충분히 아이가 공부하도록 도와줄 수 있습니다. 어렵지 않아요. 조금도 어렵지 않아요.

부모가 칭찬하는 말투로 아이 공부시키는 법을 배우기만 하면 사교육에 의존할 필요도 없습니다. 아이가 '내 공부'를 하는 데 부모 도움이 필요할 뿐, 학원 도움은 필요하지 않습니다. 어차피 학원은 학교의 연장선입니다. 부모 역할이 아니라 선생님 역할을 대신하는 것입니다. 그리고 선생님 역할은 학교로 충분합니다.

이 책은 부모를 위한 칭찬 교과서입니다. 칭찬(따뜻한 말)으로 아이 공부시키는 법을 아주 구체적이고 상세하게 기록했습니다. 부모가 칭찬의 위력을 알고 그 사용법을 터득하면 아이 공부시키기는 아주 쉽습니다.

저는 11년 동안 중학교 영어 교사로 재직하다가 남편을 따라 중국으로 들어가서 세 자녀를 키웠습니다. 세 아이 모두 중국 현지 학교에만 보냈습니다. 중국 학교에서 공부는 곧 점수, 성적으로 평가하는 시스템이라 대학 입시는 말할 것도 없고 고교 입시부터 경쟁이 치열합니다. 예체능을 제외하면 오직 100% 정시로만 선발하기 때문에 성적에 대한 부모와 아이의 부담은 이루 말할 수 없을 정도로 큽니다.

엄마인 저는 전직 교사였지만 다행인지 불행인지 중국어를 못하기 때문에 아이들 공부를 전혀 봐 줄 수가 없었습니다. 아이들은 학원도 안 다녔습니다. 그런데도 항상 상위권 성적을 유지할 수 있었던 것은 학교에서 배운 공부를 집에서 복습하도록 매일 챙겨 주는 일만은 제가 열심히 한 덕분입니다. 싸우거나 화내지 않고 두 아들을 행복하게 공부시켰고, 늦둥이 셋째에게도 잔소리 한 번 한 적이 없습니다. 얼굴 찌푸리거나 잔소리하지 않고 오직 칭찬하는 말로만 세 아이를 얼마든지 공부시킬 수 있었습니다.

기분 좋은 말로 키우니 우선 엄마인 제가 편했고 아이들도 기분 좋게 공부했습니다. 아이를 공부시키는 일이 조금도 스트레스가 되지 않았습니다. 아이들이 그 어려운 공부를 하느라 얼마나 고생하는지 잘 아니까 오히려 기특하고 대견해서 많이 예뻐했습니다. 공부 때문에 세 아이를 차별하거나 비교하지 않았고, 똑같이 자랑스럽게 여겼어요. 셋째는 초등학교 때 52명 중 51등을 한 적도 있는데, 그래도 화내지 않았습니다. 아이가 수치심을 느끼지 않도록 위로와 격려를 더 많이 했지요.

엄마로서 제가 깨달은 것은 칭찬하는 말로 공부시킬수록 부모와 아이 사이가 더 좋아지고 아이가 기분 좋게(행복하게) 공부한다는 것이었습니다. 기분 좋게(행복하게) 공부하면 성적도 향상되었습니다. 평소 일관성이 부족했던 저도 칭찬으로 공부시키다 보니 아이를 일관성 있게 키울 수 있었습니다. 왜냐하면 공부 자체가 일관성이 있어야 가능한 일이기 때문입니다.

공부가 아이들에게 좋은 습관을 만들어 준다는 사실을 알고 나서는 어떻게든 공부하는 아이로 키우고 싶었습니다. 아이가 기분이 좋아야 공부하니까 화를 내거나 잔소리하지 않고 따뜻한 말만 하려고 무척 노력했습니다. 첫째부터 셋째까지 20년 넘게 칭찬으로만 공부하도록 도와주었습니다. 그러다 보니 엄마인 저도, 아이들도 일관성 있는 삶을 살게 되었습니다. 억지로 노력했다기보다 공부를 중심으로 살았을 뿐인데 아이들이 옆길로 새지 않고 반듯하게 자랐습니다. 스마트폰에만 빠져 지내지 않고, 시간 관리를 잘하고, 학년이 올라갈수록 분별력이 높아져서 손해나는 일과 이익이 나는 일을

엄마의 말투가 아이를 바꾼다 ____

잘 구분해서 선택하는 아이로 자랐습니다. 그 모습이 기특하고 대견했습니다.

공부가 아이들을 능력 있는 사람으로 만들어 주었습니다. 공부가 너무 고마웠습니다. 이렇게 좋은 공부를 왜 부모와 아이가 다투면서 해야 하는지, 어쩌다 우리 아이들은 공부를 싫어하게 되었는지, 너무 안타까워서 2014년에 황윤희 공부 컨설팅을 시작했습니다.

11년 동안 교사의 마음으로 공부를 고민했고, 20년 동안 세 아이를 키우면서 부모의 마음으로 공부를 고민했고, 특히 2013년에는 저 자신이 늦은 나이에 1년간 공부하면서 학생의 마음으로 공부를 생각했습니다. 입체적 관점을 가지면서 공부를 바라보는 새로운 눈이 열렸습니다. 공부와 칭찬, 더 나아가 엄마의 말투가 갖는 관계를 이해하기 쉽게 이론으로 만들 수 있게 된 것입니다.

황윤희 공부 컨설팅을 통해서 다른 아이들에게도 얼마든지 행복하게 공부할 수 있다고 알려 주고 싶었습니다. 공부가 스마트폰처럼 즐거운 일이라는 것을 알게 해 주고 싶었습니다. 그러려면 공부를 점수나 성적으로만 보는 것에서 벗어나 공부의 본질을 바르게 아는 것이 무엇보다 필요했습니다. 하지만 아이의 생각만 바뀌어서는 별 소용이 없었습니다. 부모가 아이에게 끼치는 영향력이 너무 크니까요.

그래서 매주 한 번씩 엄마와 아이를 함께 만났습니다. 그 자리에서는 영어나 수학 같은 과목을 공부하지 않고 공부 그 자체에 대해 이야기를 나누었습니다. 엄마에게는 칭찬으로 공부시키는 방법을 따로 상담해 주었고 부모 역할이 선생님 역할과 다르다는 것도 깨닫게 해 주었습니다. 아이에게는 공부에 대한 부정적인 선입견과 오해를 풀어 주었습니다. 아이가 공부를 좋아하게 도와주었습니다. 공부가 아무리 중요하다 해도 싫어하면 멀리할 수밖에 없으니까요.

그 결과 놀라운 일이 일어났습니다. 매일 공부 문제로 싸우고 화내던 부모와 아이 사이가 좋아졌고, 공부하기 싫다고 고집 부리던 아이가 스스로 공부하기 시작했고, 30분도 집중하지 못하던 아이가 휴일마다 하루 종일 '내 공부'를 하는 아이가 되었고, 심지어 부부 사이도 좋아졌습니다. 집집마다 그야말로 '화목한 가정, 행복한 공부'가 실현되었습니다.

그렇다고 성과가 하루아침에 나타나지는 않았습니다. 참으로 오래 걸렸습니다. 최소한 3년은 꾸준히 실천해야 가능했습니다. 방법이 어려워서가 아닙니다. 부모는 칭찬에 대한 선입견을 바꾸는데, 아이는 공부에 대한 부정적인 생각을 바꾸는 데 오래 걸렸습니다. 특히 공부를 못하는 아이, 말 안 듣는 아이를 어떻게 칭찬해야 할지 몰라 많은 부모가 자주 벽에 부딪혔습니다. 그래서 부모를 위한 칭찬 교과서가 있으면 좋겠다는 생각으로 2017년부터 꼬박 3년 동안 이 책을 준비했습니다.

아무쪼록 이 책이 아이 공부로 고민하는 부모, 공부 문제로 아이와 자주 다투는 부모, 아이 성적 문제로 부부 사이가 좋지 않은 부모의 고민과 부담을 해소하는 데 도움이 되길 바랍니다. 큰소리치지 않고 싸우지 않고도 아이를 공부시킬 수 있다는 것을 경험하기를 바랍니다. 칭찬으로도 충분히 아이를 공부시킬 수 있다는 것을 경험하기를 바랍니다. 그래도 아이 성적이 향상된다는 것을 경험하기를 바랍니다. 더 나아가 문제의 근원, 즉 부모 아이의 관계를 복원하는 데 도움이 되길 바랍니다.

차례

1장

행복한 아이로 키우려면 '기분 좋게' 공부시켜라

2장

아이는 엄마의 칭찬을 '기분 좋게' 먹고 자란다

3장

엄마가 기분 좋게 말하면
아이도 '기분 좋게' 듣는다

4장

기분 좋은 아이로 기르는
엄마의 말투 실전 연습

1장

행복한 아이로 키우려면 '기분 좋게' 공부시켜라

:

아이는
고객이다

칭찬은 고래도 춤추게 할 만큼 효능이 크다는 것은 모두가 동의하지만, 실제로 아이를 칭찬으로 키우는 부모는 많지 않습니다. 특히 공부를 못하는 아이를 칭찬할 수 있는 부모는 극소수일 것입니다. 그 이유는 부모가 가지고 있는 칭찬의 기준 때문입니다.

사람은 자신이 생각하는 기준에 부합해야 칭찬할 수 있습니다. 기준에 도달하지 못하면 아무리 자식이라도 칭찬하기 어렵습니다. 칭찬할 만한 일이 아닌데 칭찬하라고 하면 어떻게 해야 할지 모르는 것이지요. 따라서 아이를 칭찬으로 공부시키려면 먼저 칭찬에 대한 부모의 기준부터 바꿔야 합니다. 그리고 부모가 아이를 대하는 방법도 바꿔야 합니다.

아이 공부시키는 방법이나 사장이 매장에서 고객에게 상품을 파는 방법이나 같습니다. 매장에 고객이 들어오면 사장은 밝은 표정으로 친절하게 맞이하지요. 고객이 원하는 상품이 무엇인지 알기 위해 고객에게 집중합니다. 심지어 고객과 대화할 때는 전화가 와도 받지 않고 고객의 말을 집중해서 듣습니다. 그리고 고객의 질문에 아주 부드럽고 친절하게 대답해 주지요. 간혹 고객이 말도 안 되는 불만을 표시하더라도 사장은 옳고 그름을 따지기보다 고객이 원하는 대로 대부분 받아 줍니다.

이렇게 고객에게 정성을 다하는 이유가 무엇일까요? 그래야 고객에게 상품을 팔 수 있기 때문입니다. 상품을 파는 방법이지요. 돈을 버는 방법이지요. 사장의 인격이나 능력이 고객보다 낮거나 부족해서가 아닙니다. 고객을 만족시켜야 상품을 팔 수 있기 때문입니다. 돈을 벌 수 있기 때문입니다. 고객이 존중받아서 기분이 좋아야 상품을 사니까요. 사장은 고객에게 상품과 서비스를 제공하고, 고객은 사장에게 돈을 주고 상품과 서비스를 사지요. 경쟁이 치열하다 보니 고객 만족을 넘어 고객 감동까지 서비스 수준이 점차 높아지고 있습니다.

사장의 성격이 좋고 인품이 좋아야 고객에게 감동을 줄 수 있는 건가요? 그렇지 않지요. 고객의 가치를 아는 사장이라면 누구나 할 수 있는 일입니다. 사장의 성격이나 인품이 부족하다고 해서 고객

엄마의 말투가 아이를 바꾼다

을 감동시키지 못하지는 않지요. 하지만 만약 고객의 가치를 모르는 사장이라면 자신의 성격과 기질대로 행동하고 기분에 따라 고객을 대해서 불쾌하게 만들 것입니다. 그러면 상품이 잘 안 팔리겠지요? 시간이 지나면 그 매장은 문을 닫아야 할 것입니다.

아이 공부시키는 방법도 동일합니다. 사장이 고객을 대하듯이 아이를 존중하고 아이 요구를 만족시켜 주면 아이는 부모가 원하는 대로 공부합니다. 공부하면 성적은 당연히 향상되지요. 하지만 일반적으로 부모는 직장에서 고객을 대하는 자세와 가정에서 아이를 대하는 자세가 다릅니다. 돈 버는 방법과 공부시키는 방법이 다르다고 생각하기 때문입니다. 아이는 공부를 싫어하기 때문에 억지로라도 시키지 않으면 하지 않는다고 오해하기 때문입니다.

🪣 ____ 아이를 바꾸는 엄마의 말투

- 사장이 고객을 대하는 것과 부모가 아이를 대하는 것이 같아요.
- 사장이 고객의 요구를 만족시켜 주며 상품을 판매하듯이 부모가 아이 요구를 만족시켜 주면 아이는 부모가 원하는 대로 공부합니다.
- 공부하면 성적은 자연스럽게 향상됩니다.

엄마는
선생님이 아니다

가정은 학교가 아니지요. 학교는 규율과 강제성을 가지고 아이에게 공부를 체계적으로 가르치는 곳입니다. 반면 가정은 아이에게 공부할 수 있는 힘(에너지)을 충전해 주는 곳입니다. 학교에서 선생님은 아이에게 기초 지식을 가르치고 아이가 틀린 곳을 찾아 고쳐 주는 사람입니다. 반면 부모는 아이의 부족함을 누구보다 잘 알기에 마음으로 보듬고 아이가 스스로 채우도록 도와주는 사람입니다.

비록 공부가 어렵고 힘든 일이기는 하지만 부모가 도와주면 아이는 얼마든지 해낼 수 있습니다. 문제는 부모는 선생님이 아닌데 가정에서 선생님처럼 도와주려 한다는 것입니다. 선생님이 하는 것처럼 반강제로 공부시키려 합니다. 기껏 학교에서 선생님 말씀 들으며 힘들게 공부하고 왔는데, 집에서도 엄마가 선생님처럼 하니까 아이는 지칠 수밖에 없습니다. 지친 상태로는 공부할 리 없지요. 아이는 점점 공부 안 하겠다고 반항하게 됩니다.

많은 부모가 평소에는 너그럽고 부드럽게 대하다가도 공부 문제에서는 왜 그렇게 딱딱하게 명령하듯이 말할까요? 약간은 엄하고 무섭게 해야 아이가 겨우 말을 듣고 공부한다고 생각하기 때문입니다. 그러나 부모는 선생님처럼 가르치는 사람이 아니라 밥 챙겨 주는 사람입니다. 무료로 하루 세끼를 따뜻하게 챙겨 주는 사람은 부모밖에 없습니다. 자식에게 따뜻한 밥 먹이려고 고생하면서 돈을 벌고, 아무 대가 없이 자녀에게 밥값을 보내 주는 사람은 부모밖에 없지요. 이것이 부모의 사랑입니다.

코로나-19로 우리 모두 경험했지요? 집에서 온라인 수업을 듣는 아이를 위해 하루 세끼 챙겨 주는 일이 얼마나 어렵고 힘든지요. 아무리 사랑이 넘치는 선생님도 부모처럼 밥을 챙겨 주지는 않습니다. 학교에서 수업을 마치고 집으로 돌아오는 아이가 부모에게 원하는 것도 따뜻한 밥, 맛있는 밥입니다. 따뜻한 밥 먹으면 공부합니다.

그런데 부모가 선생님처럼 틀린 곳을 찾아 알려 주고 가르쳐 주는 것을 자녀 교육에서 가장 중요한 가치로 생각하면 매일 지적하는 말을 할 수밖에 없습니다. 공부를 못하는 아이라면 놀고 있는 모습을 볼 때마다 "공부 좀 해라. 제대로 좀 해라. 열심히 해라"는 식으로 잔소리를 하게 될 것입니다. 또 버릇없는 행동을 보면 "고치라고! 제대로 하라고 몇 번이나 말해!" 하고 지적할 것입니다. 매일 말해도 안 고치면 나중에는 부모 말을 안 듣는다고, 무시한다고 화내겠지요.

부모가 성격이 못됐거나 성품이 부족해서 아이에게 화를 내는 것이 아닙니다. 오히려 아이를 소중히 여기니까 공부를 잘하도록 도와주고 싶어서, 행여 밖에 나가서 버릇없이 행동하지 않도록 도와주고 싶어서 잔소리를 하고 화를 내는 것이지요. 부모가 아이를 고치거나 바꾸려 하는 생각이 강하면 지적하는 말(잔소리)이 나올 수밖에 없습니다.

그러나 말로 지적해서 고쳐지면 얼마나 좋겠어요? 아이 공부 문제로 고민할 부모가 없겠지요. 아마 모든 부모가 좋은 버릇만 가지고 있을 거예요. 하지만 아이러니하게도 부모가 지적할수록 아이는 더 엇나가고 도리어 부모에게 지적하며 말하는 나쁜 버릇만 남습니다. 공부 안 한다고 지적하고 제대로 하라고 잔소리해서 아이가 공부를 잘하게 된다면 얼마나 좋을까요? 하지만 그런 일은 결코 일어나지 않습니다. 공부 안 한다고 지적할수록 아이는 더 안 하거든요.

"그럼 공부 안 하고 놀기만 하는 아이를 그대로 보고만 있나요?

아이의 나쁜 버릇을 보고도 가만히 있어야 하나요? 그냥 내버려 둬요? 내버려 두면 더 나빠질 텐데요?"

맞아요. 내버려 두면 안 되지요. 도와주어야 하지요. 하지만 아이에게는 이미 습관이 되어 버려서 한 번에 고쳐지지 않아요. 부모의 말이 기분 나빠서 일부러 공부를 안 하거나 나쁜 버릇을 고치지 못하는 것이 아니에요. 아이는 공부 안 하고 노는 일이 습관이 되어 있어서 고치고 싶어도 고칠 수 없는 거예요. 습관은 단번에 바꿀 수 없어요. 아이 혼자 힘으로는 못 고쳐요. 부모 도움이 필요하지요.

부모가 옆에서 공부하도록 잘 챙겨 주면 돼요. "공부해라. 제대로 해라. 열심히 해라" 등 지적하는 말을 하는 것이 아니라 아이 옆에서 좋은 마음으로 챙겨 주고 도와주면 됩니다. 그러면 부모가 무엇을 챙겨 주고 어떻게 도와주어야 할까요? 따뜻한 밥과 공부는 도대체 무슨 관계가 있을까요?

아이를 바꾸는 엄마의 말투

- 가정은 학교가 아니고, 부모는 선생님이 아닙니다.
- 부모는 선생님처럼 가르치는 사람이 아니라 따뜻한 밥을 챙겨 주는 사람이에요.
- 아이가 부모에게 원하는 것은 훌륭한 가르침이 아니라 따뜻한 밥입니다.
- 아이는 밥 먹고 기분이 좋으면 공부해요.

하루 세끼 따뜻한
'칭찬 밥'의 힘

    부모가 아침에 출근하기 전, 밥이나 빵, 커피 등을 챙겨 먹는 이유는 직장에서 일을 하려면 에너지가 필요하기 때문입니다. 배가 고픈 상태에서는 일에 집중하기 어려우니까요. 아이도 배가 고프면 신경이 곤두섭니다. 배고픈 아이에게 심부름을 시키면 대뜸 짜증부터 내는 것은 아이 성격이 나빠서가 아닙니다. 배고픈데 밥은 안 주고 심부름부터 시키기 때문입니다. 밥을 맛있게 먹고 기분이 좋아진 아이에게 심부름을 시키면 흔쾌히 말을 듣지요.

    사람은 몸과 마음(정신)으로 이루어져 있습니다. 그리고 몸처럼 마음도 배부름과 배고픔을 느낍니다. 배고프면 밥을 먹듯이 마음이 배고프면 '기분 좋음'을 먹어야 합니다. 몸의 에너지원이 음식이라면 마음의 에너지원은 기분 좋음입니다. 마음이 기분 좋은 상태는 마치 밥을 먹어서 배부른 상태와 같습니다. 기분 좋음도 음식처럼 요리해서 만들 수 있습니다. 음식을 만들려면 식재료가 필요하듯이 기분 좋음을 만들 때도 재료가 필요합니다. 밥의 원재료가 쌀이라면, 기분 좋음의 원재료는 말입니다.

말을 잘 사용하면 기분 좋음이 만들어집니다. 말은 에너지이거든요. 가수 김종서 씨가 삼단 고음 창법으로 유리컵을 깬 적이 있지요? 소리(말)가 에너지이기 때문입니다. 원재료인 말을 어떻게 사용하느냐에 따라 기분 좋은 에너지(긍정의 에너지)가 되기도 하고 기분 나쁜 에너지(부정의 에너지)가 되기도 합니다. 어떤 식재료를 어떻게 쓰느냐에 따라 맛있는 요리가 되거나 맛없는 요리가 되듯이, 말도 어떻게 사용하느냐에 따라 따뜻한 말(기분 좋은 말)과 차가운 말(기분 나쁜 말)로 요리됩니다.

따뜻한 말

먼저 따뜻한 말에 대해 살펴보겠습니다. 따뜻한 말은 따뜻한 에너지를 가지고 있습니다. 채워 주는 에너지이고 기분 좋은 에너지예요. 그래서 기분이 나쁠 때조차 따뜻한 말을 해 주면 기분이 좋아집니다. '기분 나쁨 + 따뜻한 말 = 기분 좋음' 공식이 나오지요. 따뜻한 말은 기분 좋음의 밥입니다. 따뜻한 말을 먹으면(따뜻한 말을 들으면, 칭찬을 받으면) 기분이 좋아지는 이유입니다. '기운이 빠진다, 힘이 빠진다'는 말이 있지요? 마음이 배고프다는 신호입니다. 이때 따뜻한 말을 들으면 마치 배고플 때 밥을 먹고 힘이 나는 것처럼 마음에도 힘이 나고 기분이 좋아집니다.

따뜻한 말은 여러 종류가 있지요. 들어서 기분 좋은 말은 모두 따뜻한 말입니다. 이를테면 칭찬이나 격려, 인정하는 말들이지요. 태도나 자세도 말의 한 형태이므로 상대방을 존중하는 자세나 표정, 경청하는 태도, 공감하고 긍정하는 반응도 상대방에게 기분 좋은 에너지를 줍니다. 글(문자)도 마찬가지입니다. 말이 눈에 보이지 않는 언어라면 글은 눈으로 볼 수 있는 언어입니다. 따뜻한 글은 읽는 사람이 따뜻한 에너지를 받으니까 기분 좋음과 밀접한 관계가 있습니다.

따뜻한 말의 효능은 이루 말할 수 없이 많지요. 안정감, 의욕, 열정, 집중력, 자신감을 높여 줍니다. 이런 효능들은 아이가 공부하는 데도 꼭 필요합니다. 그래서 공부하기 싫어하는 아이에게 부모가 따뜻한 말(칭찬)을 해 주면 기분이 좋아지고 기꺼이 공부하게 되는 것입니다.

차가운 말

차가운 말에 대해서도 살펴볼까요? 따뜻한 말이 기분 좋음의 원재료라면, 차가운 말은 기분 나쁨의 원재료입니다. 차가운 말은 부정의 에너지, 뺏는 에너지, 기분 나쁜 에너지입니다. 차가운 말을 들으면 기분이 나빠지는 이유이지요. 심지어 기분이 좋을 때도 차가운 말을 들으면 기분이 나빠집니다. '기분 좋음 + 차가운 말 = 기분 나쁨' 공식이 되지요.

잔소리는 대표적인 차가운 말입니다. 화냄, 고함지름, 짜증, 논리적으로 옳지만 지적하는 말, 비난하는 말, 교훈적이지만 설교하는 말, 교과서적인 말은 모두 차가운 말이지요. 상대방을 무시하는 표정과 태도, 경청하지 않는 자세 역시 차가운 말이라 할 수 있습니다. 물론 차가운 글(문자)도 있습니다.

차가운 말의 효능은 따뜻한 말의 효능과 정반대입니다. 기운(힘)을 빼고, 열정을 식게 하고, 의욕을 잃게 하고, 자신감을 꺾어서 자존감(자신을 존중하는 마음)까지 낮아지게 만듭니다. 차가운 말은 부정 에너지라서 차가운 말을 들은 사람은 기분이 상할 뿐만 아니라 분노, 불안, 걱정, 근심으로 마음이 산만해집니다.

공부 좀 하라고 부모가 아무리 잔소리를 해도 소용없는 것은 잔소리가 기운을 빼는 에너지라서 아이의 집중력을 빼앗기 때문입니다. 부모 잔소리에 억지로 책상에 앉은 아이는 딴생각을 하면서 대

따뜻한 말 vs 차가운 말

	따뜻한 말 (=채우는 에너지, +에너지)	차가운 말 (=뺏는 에너지, -에너지)
말의 종류	기분 좋게 하는 말, 칭찬, 격려, 인정, 존중하는 자세와 표정, 경청하는 태도나 긍정의 반응	기분 나쁘게 하는 말, 마음을 상하게 만드는 말, 잔소리, 화내기, 고함지르기, 짜증 내기, 논리적으로 옳지만 따지는 말, 상대방의 잘못을 지적하거나 비난하는 말, 훈계, 교훈적인 설교, 교과서적인 말
말의 효능	채우는 에너지로 열정, 의욕, 자신감을 높인다.	뺏는 에너지로 열정과 의욕, 자존감을 떨어뜨리고 열등감이 생긴다.
아이에게 미치는 영향	배부른 상태와 비슷하다. 기분이 좋아지기 때문에 안정감이 생기고 집중력이 높아진다. 공부할 마음이 생긴다.	배고프거나 몸이 아픈 상태와 비슷하다. 기분이 상하고, 분노, 불안, 걱정이 많아져서 마음이 산만해진다. 집중력이 떨어져서 공부하기 어렵다.
아이 공부에 미치는 영향	집중해서 공부한다. 매일 이런 상태로 공부하면 점차 부모 도움 없이 스스로 알아서 공부하는 단계에 이른다.	억지로 대충 공부한다. 책상에 앉아 있지만 딴생각을 한다. 집중력이 부족해서 5~10분도 앉아 있지 못한다. '자기 공부' 시간이 늘지 않는 효율 낮은 공부를 한다.

충 공부하게 됩니다. 5~10분도 제대로 집중하지 못하고 졸거나 효율 낮은 공부를 하지요. 차가운 말로 에너지를 뺏겨서 그렇습니다. 마음이 고프고 기운(힘)이 없으니 어쩔 수 없습니다.

말은 에너지라서 마음에 영향을 끼칩니다. 차가운 말을 들으면 얻어맞은 것처럼 마음이 아픕니다. 따뜻한 말을 들으면 엄마 품에

엄마의 말투가 아이를 바꾼다 ____

포근히 안긴 것처럼 마음이 안정됩니다. 따라서 아이의 공부는 부모의 말에 달려 있다 해도 과언이 아닙니다.

언뜻 우리 아이들은 공부에 대해 아무 생각이 없는 것처럼 보이지만, 사실 그렇지 않습니다. 학교 수업이 끝나고 집으로 오면서 아이는 나름대로 무슨 과목을 공부해야겠다고 생각합니다. 하지만 집에 오자마자 잔소리(차가운 말)를 들으면 기분이 나빠지면서 의욕이 싹 사라져 버립니다. 학교에서 돌아오는 아이를 위해 맛있는 밥과 함께 맛있는 말(칭찬)도 준비해 주세요. 맛있는 말을 먹으면(기분이 좋으면) 아이는 공부를 하기 마련입니다.

TIP ___ 아이를 바꾸는 엄마의 말투

- 칭찬(따뜻한 말)은 마음의 밥이에요.
- 아이는 '칭찬 밥'을 먹으면 기분이 좋아지는데, 이 '기분 좋음'은 공부하는 데 필요한 에너지입니다.
- 기분이 좋은 아이는 엄마가 공부하라고 말하면 공부합니다.

공부를 못하는 것과
안 하는 것은 다르다

공부는 점수나 성적 이상의 의미를 가지고 있습니다. 바로 '학생이 하는 일'이라는 것입니다. 그것도 매일 해야 하는 일이지요. 부모는 일을 해서 돈을 벌고, 학생은 공부를 해서 성적을 버는 것이지요. 따라서 공부하고 싶지 않으면 안 해도 된다는 말은 일하지 말고 백수로 살라는 말과 같습니다. 그런데 공부를 '학생이 하는 일'로 보지 않고 '점수나 성적'으로만 생각하면 아이 성적이 떨어졌을 때 "어차피 공부해 봤자 성적이 이 모양인데 공부할 필요 없어!"라는 말이 쉽게 나오게 되지요.

학생이 공부하기 싫으면 안 해도(그만 두어도) 된다는 말은 마치 '아빠(엄마)가 일하기 싫으면 안 해도(그만두어도) 된다', '엄마(아빠)가 밥 해 주기 싫으면 안 해도 (굵거도) 된다'와 같은 말입니다. 하지만 우리 아이들에게 "공부 왜 안 하니?" 하고 물으면 "힘들어요. 귀찮아요. 하기 싫어요. 재미 없어요"라고 당당하게 말합니다. 심지어 '그런 쓸데없는 공부를 왜 해야 하는가'라는 뉘앙스로 "공부 왜 해요?"라고 반문하기도 하지요. 이 말은 마치 출근하는 아빠에게 "아빠 뭐 하러 쓸데없이 출근해요? 힘든데 그냥 집에서 놀아요"라고 말하는 것과 같아요. 공부를 점수나 성적으로만 보기 때문에 "그깟 성적 안 올라도 괜찮으니 공부 안 하겠다"라는 말을 쉽게 하지요.

더 안타까운 것은 많은 부모가 "공부하라고 아이를 괴롭혀서 당신과 아이의 사이가 나빠졌으니 앞으로는 아이에게 공부하라고 말하지 마세요" 또는 "자기가 공부 안 하겠다고 하면 그냥 내버려 두세요"라는 전문가나 주변 사람의 충고에 귀를 기울인다는 사실입니다. 일하지 말고 백수처럼 살게 두라는 말과 같은데도 마치 아이를 위한 말인 것처럼 그럴 듯하게 들리거든요.

많은 부모들이 "나도 내 자식 공부하게 하고 싶지요. 정말 소원입니다. 어느 부모가 내 자식이 공부 안 하기를 바라겠어요? 하지만 도통 말을 안 들어요. 공부 안 하겠다고 저렇게 고집을 부리니 어떻게 할 방법이 없어요. 어쩌겠어요?"라고 말하기도 합니다. 그런데 내 귀한 딸(아들)이 공부 안 하는 것은 백수처럼 사는 것과 같다는 사실을 안다면 "방법이 없으니 어쩌겠어요?"라고 말할 수 있을까요?

아마 어떻게든 아이를 공부시키려 노력할 거예요. 사장이 고객에게 상품을 팔기 위해 최선을 다하듯이 부모는 아이를 공부시키기 위해서 최선을 다하겠다고 결심하지 않을까요?

공부를 '학생이 하는 일'이라는 관점으로 보기 시작하면, 공부를 안 하고 말을 안 듣고 버릇도 없는 아이를 착실히 공부하는 아이로 키우기 위해 왜 고객을 대하듯 지극 정성을 다해야 하는지 알게 됩니다. 성적을 떠나서 공부하는 학생과 공부하지 않는 학생의 생활 태도와 삶이 얼마나 다른지 예를 들어 볼게요. 공부하는 학생(A)과 공부하지 않는 학생(B) 모두 성적은 그다지 좋지 않습니다. 두 학생의 학교생활을 한번 살펴봅시다.

기상: A는 알람이 울리면 두세 번 머뭇거리다가 일어납니다. 간혹 알람을 못 들어서 부모가 깨울 때도 잠시 이불 속에서 뒤척이다가 곧 일어납니다. 학교 갈 준비를 해야 한다고 생각하기 때문이지요. B는 알람이 울려도 소용이 없어요. 부모가 몇 번을 깨워도 일어나지 않아서 아침마다 서로 목소리가 높아집니다. 학교에 가서 공부해야 한다고 생각하지 않으니 일찍 일어날 이유가 없는 것이지요.

등교 시간: A는 지각하지 않으려고 최소한 5분 정도 일찍 도착할 수 있도록 서둘러서 집을 나섭니다. B는 지각해도 상관없다고 생각합니다. 그래서 늦었다는 것을 알면서도 서두르지 않아요. 어차피 학교에 가도 놀 거니까 굳이 수업 시간에 맞추기 위해 서두를 필요가 없거든요.

수업 시간: A는 선생님 말씀에 집중하면서 수업을 듣습니다. 수시로 메모하고 중요한 내용은 표시도 하고 선생님 질문에 적극적으로 대답하거나 반응합니다. 반면 B는 자주 졸거나 심지어 아예 대놓고 엎드려 자기도 합니다. 공부를 안 하니 수업을 집중해서 들을 이유가 없고, 매일 밤늦게까지 게임을 하거나 유튜브 영상을 보느라 항상 잠이 모자라서 정작 학교에서는 잠이 쏟아집니다.

점심시간: A는 식사 후 친구들과 놀기도 하지만, 필요하면 밀린 공부를 하거나 오후 수업에 집중하기 위해 잠깐 낮잠을 자기도 합니다. B에게는 점심시간이 가장 재미있고 신나는 시간입니다. 오후 수업이 시작된 것도 모를 정도로 노는 데 정신이 팔립니다.

자습 시간: A는 그날 배운 공부를 복습하거나 숙제를 하면서 '자기 공부'를 합니다. 반대로 B는 공부할 생각이 없으니 너무 심심해요. 엎드려 자거나 짝꿍과 잡담하면서 시간을 때웁니다.

집에 돌아와서: A는 놀거나 휴식을 취하면서도 정해진 시간에 숙제를 하고 복습도 합니다. B는 집에 오자마자 책가방을 던져 놓고 TV를 보거나 스마트폰을 하면서 놀기만 하지요.

취침 시간: A는 내일 수업 시간에 졸지 않으려면 일찍 자야 한다는 것을 압니다. 스마트폰을 가지고 놀다가도 취침 시간을 지키려고 노력합니다. B는 보고 싶은 것, 하고 싶은 것을 실컷 하며 놀다가 졸리면 그제야 잡니다. 내일 수업 시간에 얼마든지 잘 수 있다고 생각하니 새벽까지 안 자도 상관없다고 여깁니다.

성적과 관계없이 공부를 하느냐(A), 공부를 안 하느냐(B)에 따라 생활 태도와 삶을 대하는 자세는 이렇게 다릅니다. 공부는 학생이 하는 일인데 아이의 삶에서 공부를 빼 버리면 무엇이 남을까요? 일하지 않고 놀고먹을 일만 남으니 백수의 삶과 무엇이 다르겠어요.

엄마의 말투가 아이를 바꾼다 ____

공부하는 학생 vs. 공부 안 하는 학생

	공부하는 학생	공부 안 하는 학생
기상	알람이 울리면 머뭇거리지 않고 바로 일어난다.	부모가 깨워도 일어나지 않는다. 공부하지 않으니 일찍 일어날 이유가 없다.
출발	지각하지 않는다. 지각을 싫어한다. 미리 준비해서 5분 정도 일찍 도착할 수 있도록 출발한다.	지각해도 상관없다. 지각할 줄 알면서도 서두르지 않는다. 어차피 놀 거니까 시간에 맞추기 위해 서두를 이유가 없다.
수업 시간	선생님 말씀을 집중해서 듣고 메모를 하거나 중요한 내용을 표시한다. 선생님 질문에 적극적으로 반응한다.	졸거나 아예 대놓고 엎드려 잔다. 공부를 안 하니 수업에 집중할 이유가 없고, 지난밤 늦게까지 게임을 하고 놀아서 정작 수업 시간에 잠이 쏟아진다.
점심 시간	식사 후 친구와 놀기도 하지만 오후 수업에 집중하기 위해 잠시 낮잠을 잔다.	가장 재미있고 신나는 시간으로 절대로 자지 않는다. 학교생활 중 가장 활발하게 활동하는 시간이다.
자습 시간	내 공부를 할 기회가 와서 다행이라고 생각하면서 복습을 하거나 숙제를 한다.	할 일이 없어서 너무 심심하다. 자거나 옆 친구를 건드려서 잡담을 하면서 시간을 때운다.
귀가	집에 돌아와서 놀기도 하지만 정해진 시간에는 숙제와 복습을 한다.	따로 계획이 없다. TV, 스마트폰, 유튜브, 게임 등으로 시간을 보낸다.
취침	정해진 시간에 잔다. 내일 수업 시간에 졸지 않으려고 스마트폰, 게임, 유튜브 등을 자제한다.	보고 싶은 것, 하고 싶은 것을 마음껏 하면서 놀다가 졸리면 그제야 잔다. 내일 수업 시간에 얼마든지 잘 수 있으니 새벽까지 놀아도 상관없다고 생각한다.

귀한 내 아이를 백수처럼 살게 하지 않으려면 매일 공부(일)하도록 도와주어야 합니다. 사장이 고객을 대하듯 부모가 아이를 존중하면서 공부하라고 요구하면 아무리 고집 센 아이도 공부합니다. 백수

처럼 살고 싶은 사람은 아무도 없습니다. 어쩌다 보니 공부를 안 하게 됐을 뿐입니다.

 **아이를 바꾸는 엄마의 말투**

- 공부는 못해도 괜찮습니다. 하지만 '공부를 안 해도 괜찮다'는 잘못된 말입니다. 마치 '아빠(엄마)가 일하기 싫으면 안 해도(그만두어도) 된다'와 같은 말이거든요.
- 아이를 '공부 안 해도 괜찮다'라는 생각으로 키우는 것은 일찍부터 놀고먹는 습관을 갖게 만드는 것입니다.
- 공부가 학생이 하는 일인데 학생의 삶에서 공부를 빼 버리면 일하지 않고 놀고먹는 일만 남습니다. 그것은 백수의 삶입니다.

:

아이는 공부할 때
가장 행복하다

아이가 행복하려면 공부해야 합니다. 행복한 아이로 자라게 하려면 공부하는 아이로 키워야 합니다. 공부를 안 하면서 학교에 다니는 일은 공부하면서 학교에 다니는 일보다 훨씬 힘듭니다. 출근은 하는데 회사에서 일은 안 하고 놀기만 한다면 어떻게 될까요? 정상적인 직장 생활을 할 수 있을까요? 동료들과 원활하게 지낼 수 있을까요? 일하지 않으면서 회사에 다니는 직장인의 일상은 힘들고 불행할 것입니다.

오늘날 청년 실업이 사회문제가 되어 있습니다. '공부는 선택'이라는 일부 부모나 학생의 논리로 보면, 일은 힘들고 스트레스 받고 재미없고 귀찮은 것인데 어차피 취직하기도 어려우니 그냥 집에서 놀면 좋지 않나요? 왜 취직이 안 된다고 힘들어할까요? 아이들에게 이렇게 말하면, 취직해야 일할 수 있고 일해야 돈을 벌 수 있으니 힘들어도 취직해야 한다고 대답해요.

돈 버는 일과 공부하는 일은 다르다고 말하는 사람도 있습니다. 그렇지 않아요. 어른이 하는 일과 학생이 하는 일은 내용의 차이가 있을 뿐, 그 성격은 같아요. 돈 버는 일도 공부하는 일처럼 힘들고 어렵고 하기 싫고 재미없고 귀찮지요. 하지만 출근할 곳이 있고 할 일이 있는 삶은 행복하고 안정적입니다. 그래서 하기 싫지만 기꺼이 합니다. 따라서 "엄마 나 공부 도저히 못 하겠어. 힘들어"라는 아이의 투정에 부모가 "그래 우리 딸(아들), 그깟 공부 안 해도 돼. 굳이 힘들게 공부하느라 고생할 필요 없다. 공부에 재능이 없으면 다른 것 하면 되지 뭐"라는 식으로 무책임한 배려로 대응하면, 아이는 자기 삶을 스스로 책임지는 방법을 배우지 못할 것입니다. 공부는 삶을 대하는 태도이기 때문입니다.

시험 기간이 되어 친구들은 공부하느라 바쁜데 혼자서 놀기만 하면, 그 아이는 정말로 기분이 좋을까요? 공부를 하는 아이든, 하지 않는 아이든 성적은 학생으로서 가장 큰 스트레스이고, 시험 기간은 평소보다 불안감이 더 높아집니다. 언뜻 공부 안 하는 아이는 공부로 스트레스 받을 일이 없을 테니 마음이 여유롭고 성격도 좋을

엄마의 말투가 아이를 바꾼다

것 같습니다. 하지만 실제로 그런 아이들을 만나 보면 하나같이 예민하고 화를 잘 내고 짜증이 많은 것을 볼 수 있습니다. 사람은 매일 해야 할 일을 하지 않을 때 본능적으로 불안함을 느끼거든요. 공부 안 하는 아이의 마음에는 불안한 감정이 잠재되어 있기 때문에 평소 놀면서도 불안하고 사소한 일에 스트레스를 받으며 자주 분노를 폭발합니다.

어느 부모가 아들을 중국으로 유학을 보내면서 "공부 열심히 안 해도 돼. 공부로 너무 스트레스 받지 말고, 그냥 중국 현지 학교 다니면서 편하게 중국어만 배워 와라"라고 말씀하셨습니다. 맞는 말일까요? 실제로는 공부 안 해서 학교 공부를 못 따라가는 것이 아들에게는 더 큰 스트레스였습니다. 그런 상태에서 얼마나 잘 중국어를 습득할 수 있을까요?

공부로 스트레스를 받지 않으려면 공부해야 합니다. 공부를 하면 스트레스를 덜 받아요. 공부를 안 할수록 스트레스는 더 커집니다. 중국 학교를 다닌다고 저절로 중국어를 익힐 수 있는 것이 아니라 학교 공부를 해야 중국어도 제대로 익힐 수 있습니다. 우리가 우리말을 읽고 쓸 수 있는 것은 학교에서 여러 과목을 배우고 집에서 숙제를 하면서 부지런히 자기 공부를 했기 때문입니다.

공부 컨설팅을 하며 만난 아이들에게 "학생은 언제 행복할까요?

언제 기분 좋을까요?"라고 질문하면 "학교 안 가고, 학원 안 가고, 엄마 간섭 안 받고, 그냥 친구랑 놀 때요! 스마트폰 할 때요! 게임 할 때요!"라고 이구동성으로 대답합니다. 맞는 말이지요. 놀 때 기분 안 좋은 아이는 없으니까요. 하지만 학생으로서 마냥 놀기만 하면 항상 기분이 좋을까요? 제가 아이들에게 "행복하게 공부할 수 있다"라고 말하면, 아이들은 굉장히 의아한 표정으로 "말도 안 돼요. 어떻게 그게 가능해요?"라고 되묻습니다. 공부를 하면서 틈틈이 놀아야 신나고 재미있습니다. 공부는 내팽개치고 늘 놀기만 하면 결코 기분이 좋을 수 없습니다. 아이들도 마음으로 알고 있죠. 놀기만 하면, 불안하다는 것을요.

우리는 흔히 공부가 아이를 괴롭힌다고 생각하기 쉽지만, 사실 아이는 열심히 공부할 때 가장 안정감이 높고 기분이 좋습니다. 엄밀히 말하면, 공부하지 않고 매일 학교 다니는 일이 가장 힘들고 우울합니다. 공부하지 않고 학교를 다닌다는 것은 수업 시간에 새로운 내용을 배우는데도 못 알아듣는다는 것이니 얼마나 답답하고 힘이 들까요?

공부를 '학생이 하는 일'이라고 인식을 전환하면 사태가 명확해집니다. 사람은 일해서 돈을 벌 때 안정감이 높고 기분도 좋습니다. 마찬가지로 아이는 학생으로서 공부해서 성적이 오를 때 안정감을 얻고 기분이 좋아집니다. 숙제를 다 하면 기분 좋게 학교에 갈 수 있지만, 노느라 숙제를 안 한 날은 학교에 가기 싫습니다. 어떤 핑계를 대서라도 늦게 가거나 안 가려 하지요.

따라서 부모가 할 일은 간단합니다. 아이가 숙제를 하고 놀도록 도와주면 됩니다. 그러면 아이는 학교 다니는 부담감이 훨씬 줄어들지요. 성적과 관계없이 기분 좋게 학교생활을 할 수 있어요. 물론 기분 좋게 학교생활을 하다 보면 차츰 성적도 오를 것이고요.

TIP ____ 아이를 바꾸는 엄마의 말투

- "꼭 공부해야 하나요? 우리 아이는 공부로 스트레스 받게 하고 싶지 않아요. 그냥 행복하게 살면 되는 거잖아요"라는 말은 모순입니다.
- 공부 안 하고 학교 다니는 일은 공부하면서 학교 다니는 일보다 훨씬 힘듭니다.
- 공부가 아이를 괴롭힌다고 흔히 생각하지만, 사실 학생은 공부할 때 가장 안정감이 높고 기분이 좋습니다.
- 엄밀히 말하면, 공부하지 않고 매일 학교 다니는 일이 가장 힘들고 우울해요.
- 부모가 할 일은 간단합니다. 아이가 기분 좋게 숙제하고, 공부하고, 학교 다니게 하는 일입니다.

공부가 아무리 어려워도
못할 일은 아니다

아이가 하는 일(공부)과 부모가 하는 일(직업)의 가장 큰 차이점은 일터입니다. 어른은 일터가 직장(회사)이라면 아이의 일터는 학교와 가정입니다. 아이의 일터는 두 곳이나 되지요. 공부가 어른이 하는 일보다 훨씬 힘든 것도 일터가 두 곳이어서 그렇습니다. 공부라는 일의 성격(본질)이 그렇습니다. 학교에서 배우는 것만으로는 내 지식이 되기 어렵기 때문에 학교에서 일(공부)하고 집에 돌아와서도 일(공부)해야 하지요. 어른은 회사에서 일하느라 아무리 힘이 들었어도 퇴근하고 집에 돌아오면 쉴 수 있지만, 공부를 일로 하는 아이는 그렇지 못해요. 부모가 일부러 아이를 쉬지 못하게 하는 것이 아니라 공부가 그런 것이라 어쩔 수 없어요.

부모는 아이가 처한 이런 상황을 충분히 인정해 줘야 해요. 아이가 고생한다는 것을 먼저 알아주고 기분 좋게 공부하도록 도와주면 아이는 고생스럽지만 기꺼이 감당하지요. "우리 딸(아들), 오늘도 고생 많았지? 엄마가 쉬게 해 주면 좋겠는데 숙제가 있으니 어쩌니. 우리 숙제 먼저 하고 놀까?"라고 말하면 아이가 말을 들어요. 마냥 놀고 싶지만 자기가 얼마나 고생하는지 엄마가 알아주니 엄마 요구대로 숙제 먼저 하지요. 학교에서 배운 공부를 밀리지 않고 매일 집에 와서도 복습하면 누구나 공부를 잘할 수 있어요.

하지만 아이가 얼마나 고생하는지 부모가 알아주지 않으면, "누구나 다 하는 공부 그까짓 게 뭐 힘들다고 생색이야 생색. 학비 대 줘, 학교까지 태워다 줘, 용돈 줘, 해 달라는 것 다 해 주는데, 겨우 공부 하나 하라는 엄마 말은 왜 안 들어?"라는 식으로 아이 기분을 나쁘게 만들 가능성이 높아요. 서로 거친 말이 오가고, 아이는 부모 말을 듣지 않거나 자기가 알아서 하겠다며 부모 도움을 거절합니다.

어렵고 힘든 일은 어른도 스스로 매일 하기 쉽지 않은데, 하물며 이제 겨우 10대인 아이가 부모 도움 없이 어떻게 혼자서 매일 꾸준히 공부할 수 있겠어요? 아이가 공부를 못하게 되는 가장 큰 요인 중 하나가 부모 말을 듣기 싫어해서 부모 도움을 거절하고 혼자 힘으로 공부하려 하기 때문입니다.

일반적으로 어떤 행동을 습관으로 만드는 데 66일이 걸립니다. 66일 동안 동일한 행동을 반복하면 습관으로 굳어집니다. 우리 아이가 초중고 12년 동안 매일 학교를 다니면서 공부를 해요. 12년이면 공부가 아무리 어렵고 힘들다 해도 습관이 되어야 하는 것은 너무나 마땅하지요. 잘 생각해 보면, 12년 동안 공부하는데 공부가 습관이 안 된다는 것이 사실은 불가능하거든요. 그런데 놀랍게도 이런 불가능한 일이 우리 아이에게 일어나고 있어요. 이유가 무엇일까요?

아이가 집에서 하는 공부와 학교에서 하는 공부의 성격이 다르다는 것을 부모가 모르기 때문입니다. 학습(學習)이라는 한자에 공부의 의미가 담겨 있어요. 배우고(學) 익힌다(習)는 의미이지요. 아이는 학교에서 선생님에게 배우는(學) 수동적인 공부를 합니다. 수업을 열심히 듣고 이해하는 공부이지요. 집에 와서는 수업 시간에 배운 지식을 내 지식으로 만들고 익히는(習) 능동적인 공부를 합니다. 모르는 문제를 다시 풀어 보고, 참고 자료를 더 찾아보고, 이해가 안 되면 고민하고 생각하는 자기 공부(복습)이지요.

공부를 그렇게 열심히 하는데도 습관이 되지 않는 이유는 능동적으로 해야 하는 자기 공부가 습관 안 되기 때문입니다. 그런데 부모는 아이 성적이 떨어지면 수업 내용을 이해하지 못해서 그렇다고 생각하고 학원이나 과외를 찾아 주는 일을 우선으로 합니다. 학

엄마의 말투가 아이를 바꾼다

원으로 부족하다 싶으면 가정에서 개인 과외를 통해 배우게 하고, 인터넷 강의로 배우게 하고… 계속 배우게 합니다. 아이가 집에 와서 스스로 공부하지 않는 이유도 학교에서 배우고 학원에서도 배웠으니 더 공부할 필요가 없다고 생각하기 때문이지요.

아이에게 공부가 습관이 되지 못하는 또 다른 이유는 집에서 부모가 기분 좋게 공부할 수 있는 환경을 만들어 주지 못하기 때문입니다. 부모는 학교에서 선생님이 하는 것처럼 관리하고 감독하듯이 공부를 강요합니다. 학교에서 하는 것처럼 수동적인 공부를 집에서도 반복하면 배우는 공부를 습관으로 만들 수 있을지언정 능동적으로 자기 공부를 하는 습관을 만들어 주기는 어렵지요. 그런 식으로는 아이가 66일 동안 매일 기분 좋게 자기 공부를 할 수 없으니까요. 부모가 따뜻한 말(기분 좋음. 칭찬. 예뻐함)로 도와주어야 매일 자기 공부를 할 수 있어요. 10년, 15년 이상을 공부해야 하는데 싸우듯이 다투듯이 하면 어떻게 매일 공부할 수 있겠어요?

아이들이 반복하는 일을 싫어하고 어려워하는 것도 공부가 습관이 되지 못하게 만드는 요인 중 하나입니다. 지식 습득은 매일 배우고(學) 익히는(習) 과정을 반복하면서 이루어지는데, 아이들은 반복을 매일 똑같은 일을 하는 '의미 없고 지루한 일'로 생각하는 경향이 있어요. 그래서 반복을 싫어하고 귀찮아서 안 하려 하지요. 하지만 모든 능력은 반복을 통해서 이루어집니다. 반복하지 않으면 능력이 길러지지 않아요. 새는 제자리에서 좌우로 날갯짓을 반복해서 날아오르지요. 새의 비상은 제자리에서 날갯짓을 반복해야 얻을 수 있는 것이지요.

공부도 마찬가지입니다. 오늘의 지식 습득은 어제의 반복으로 이루어져요. 어제까지 외워지지 않던 영어 단어가 오늘 외울 수 있게 된 것은 어제까지의 반복이 있었기 때문입니다. 어제까지 풀리지 않던 수학 문제가 오늘 풀리는 이유도 어제까지 문제를 반복해서 풀었기 때문입니다. 반복 자체는 동일하지만, 어제 반복과 오늘 반복은 다릅니다. 오늘 반복은 어제보다 한층 위에서 이뤄지는 반복입니다. 운동선수가 기량과 실력을 향상시키는 방법도 매일 동일한 시간에 동일한 방법으로 동일한 운동량을 채우는 데 있습니다. 반복은 결코 '의미 없고 지루한 일'이 아닙니다.

다음 표는 중학교 3학년인 A 학생과 B 학생의 하루 일과입니다. A와 B는 모두 아침 6시에 일어나서 밤 10시~10시 30분쯤 잠을 잡니다. 일어나는 시간과 잠을 자는 시간은 거의 비슷한데, 어느 학생이 공부를 더 잘할까요? 맞습니다. B입니다. 그 이유는 자기 공부 시간이 다르기 때문입니다.

A는 집에 돌아와서도 배우기 위해 과외를 합니다. 배우는 데 대

A의 하루 일과

시간	일과	시간	일과
6:00	기상	14:55-15:40	7교시
7:30	학교 출발	15:50-16:35	8교시, 종례
7:40-8:00	수업 준비	16:50-17:00	집에 도착
8:00-8:35	독서(35분)	17:00-17:30	간식
8:40-9:20	1교시	17:30-18:30	수학 과외(월, 수, 금)
9:35-10:20	2교시	17:30-18:30	영어 과외(화, 목, 토)
10:30-11:15	3교시	18:30-19:00	저녁식사
11:25-12:10	4교시	19:00-20:00	중국어 과외
12:10-13:05	점심 시간	20:30-21:30	숙제(1시간)
13:05-13:50	5교시	21:30-22:30	취침
14:00-14:45	6교시		

B의 하루 일과

시간	일과	시간	일과
6:00	기상	13:00-13:45	5교시
6:40	등교	13:55-14:40	6교시
7:00-8:00	아침 자습(1시간)	14:50-15:35	7교시
8:00-8:45	1교시	15:45-16:45	오후 자습(1시간)
8:55-9:40	2교시	17:10	하교
9:40-10:35	3교시	17:40	집에 도착
10:45-11:30	4교시	18:00-19:00	저녁식사
11:40-12:10	점심 시간	19:00-22:00	숙제 및 자기 공부 (3시간)
12:10-13:00	점심 자습(50분) (원하면 잠을 잘 수도 있음)	22:00	취침

부분의 시간을 보내기 때문에 자기 공부 시간은 1시간밖에 없어요. 하지만 B는 배우는 일을 학교 수업으로 끝냅니다. 더 배우려고 애쓰지 않고 배운 내용을 내 것으로 만드는 일에 집중합니다. 학교 자습 시간도 활용합니다. 집에 와서도 학원을 가는 대신에 자기 공부를 하지요. 결과적으로 자기 공부를 하루에 약 5~6시간 정도 해내기 때문에 학원이나 과외를 다니지 않아도 학교 공부를 우수한 성적으로 따라 갈 수 있어요.

우리나라 대부분의 아이들이 방과 후 학원을 다니거나 방과 후 과외를 합니다. 그러면 다 공부를 잘해야 할 텐데, 학원을 아무리 여러 개 다녀도 공부를 못하는 아이는 여전히 못합니다. 그 이유는 배우기만(學) 하고 익히지(習) 않기 때문입니다.

🪴 ___ 아이를 바꾸는 엄마의 말투

- 모든 일이 그렇듯이 공부 역시 중노동을 하는 것처럼 고생하는 일이고 고된 일입니다. 아이 혼자 스스로 매일 하는 것은 불가능합니다.
- 아이가 고생한다는 것을 부모가 먼저 알아주고 기분 좋게 공부하도록 도와주면 아이는 고생이 되도 감당합니다.
- 공부가 아무리 어렵다 해도 습관이 되면 쉬워져요. 특히 자기 공부가 습관이 되면 성적이 향상됩니다.

엄마의 말투가 아이를 바꾼다 ___

:

공부가
고맙다

아이는 언젠가 부모 곁을 떠납니다. 보통 만 18~19세가 되면 대학 입학, 취업 등 혼자서 선택하고 결정해야 하는 일들에 직면하게 되지요. 부모가 옆에 없어도 자신에게 닥친 문제를 피하지 않고 해결하는 능력은 공부를 하는 과정을 통해 길러집니다. 맞습니다! 공부는 단순히 점수, 성적만이 아니기 때문에, 비록 점수, 성적이 안좋아도 공부를 꾸준히 하면 세상을 살아가는 데 필요한 여러 능력이 길러집니다.

하지만 공부를 하지 않으면 문제는 달라집니다. 공부를 소홀히하면 아이가 부모를 떠나 혼자 살아가야 할 때 고생할 수밖에 없습니다. 공부를 하는 과정에서 개발되어야 할 능력들이 만들어지지 못했으니까요. 무엇보다 공부하지 않는 아이는 부모 말을 안 듣는 아이가 되기 쉽습니다. 분별력이 약한 10대 때부터 부모 말을 안 듣고 자기 뜻대로 살겠다고 하면 손해 보는 결정을 할 가능성이 커집니다. 자신의 뜻대로 살 수 있도록 분별력을 갖추어 주려고 공부를 시키는 것인데 분별력을 갖추기도 전에 자신의 뜻대로 살겠다고 하는 셈이니까요.

문제 해결 능력, 스트레스 감당 능력, 시간 관리 능력, 절제력, 집중력, 이해력, 사고력, 논리력, 암기력… 이런 모든 능력이 공부를 하는 과정에서 길러지지요. 문제 해결 능력이나 집중력, 스트레스 감당 능력을 향상시키기 위해 부모가 극기 훈련이나 명상 훈련을 따로 시키지는 않잖아요. 대부분 그런 능력들은 공부하는 과정에서 자연스럽게 습득됩니다. 12년 동안 매일 일(공부)을 하다 보면 생길 수밖에 없는 능력들이지요.

공부의 끝은 직업으로 이어집니다. 100% 부모의 도움을 받으며 오로지 공부만 해도 되는 시기는 학생 때밖에 없어요. 학교를 졸업하면 누구도 공부하라고 요구하지 않지요. 중학교든, 고등학교든, 대학교든 일단 최종 학교를 졸업하고 나면 일하며 살아야 합니다. 공부는 내가 잘하고 좋아하는 일을 직업으로 선택할 수 있는 기회를 제공하고, 그 일을 할 때 필요한 능력을 미리 갖추도록 도와줍니다. 공부가 고맙지요.

대기업이든 중소기업이든 직업의 관문을 뚫을 수 있는 기회가 일차적으로는 공부로 주어집니다. 선생님이 되고 싶으면 사범대학에 입학해서 임용고시에 합격하면 돼요. 부자나 가난한 자나 기회는 공평하게 주어집니다. 입시 부정이나 임용 부정, 특혜 등 각종 시비가 있는 것은 사실이지만, 대체로는 평범한 사람들에게 공부할 기회가 공평하게 주어집니다. 의사가 되는 것도, 공무원이 되는 것도 공부로 가능합니다. 공부가 아니라면 무엇으로 우리같이 평범한 부모를 둔 아이가 대단한 배경을 가진 아이와 경쟁할 수 있겠어요? 공부가 우리 아이들에게 이런 기회를 만들어 주니 고맙지요.

공부를 안 하면 자신이 얼마나 대단한 존재인지 모릅니다. 공부가 얼마나 큰 이득을 주는 일인지 잘 모릅니다. 공부 안 하는 아이는 공부하는 것이 손해라고 생각하거든요. '힘들다, 귀찮다, 재미없다'를 기준으로 삼기 때문에 공부보다 노는 쪽을 선택합니다. 노는 일에 더 큰 가치를 두고 공부의 가치를 보지 못합니다. 하지만 공부하는 아이는 다릅니다. 공부하는 아이도 열심히 놀아요. 하루 종일 공부만 하고 있지는 않지요. 다른 점은 노는 일이 아무리 재미있어도 공부를 버리면서까지 놀지는 않아요. 공부를 버리면 손해가 크다는 것을 잘 알기 때문이지요.

공부는 우리 아이가 원하는 삶을 살 수 있도록 도와주는 고마운 도구입니다. 아이를 괴롭히거나 힘들게 만드는 쓸데없는 일이 아니지요. 아이가 공부를 포기하지 않도록 부모가 도와줄 가치가 충분히 있습니다.

 **아이를 바꾸는 엄마의 말투**

· 공부는 부모를 떠나 혼자 살 수 있는 능력을 기르는 과정입니다. 배우고 익히는 과정을 통해서 능력이 생기지요.

· 공부가 과정이라는 것을 이해하면 성적과 관계없이 아이를 칭찬하고 격려할 수 있습니다.

· 100% 부모의 도움을 받으며 오로지 공부만 해도 괜찮은 시기는 학생 때 외는 없어요. 부모 역시 100% 따뜻한 말로 공부하게 도와줄 수 있는 유일한 시간입니다.

- 사장이 고객을 지극정성으로 대하면 고객은 기분 좋게 상품을 산다. 엄마가 아이를 기분 좋게 대하면 아이는 엄마가 원하는 대로 행동한다.

- 공부는 두 가지가 있다. 학교에서 선생님에게 배우는 수동적 공부와 집에서 스스로 익히는 능동적 공부다. 대부분의 엄마는 집에서도 선생님처럼 가르치는 방식으로 아이에게 공부시키려 한다. 하지만 엄마는 선생님이 아니다.

- 엄마가 할 일은 하루 세끼 따뜻한 밥을 챙기듯 아이가 기분 좋게 공부할 수 있도록 따뜻한 말을 자주 챙겨 주는 것이다.

- 공부는 아이가 학생으로서 하는 일이다. 따라서 성적이 안 좋을 수는 있지만, 공부를 안 해도 되는 것은 아니다. 공부를 안 하는 것은 엄마 아빠가 일을 안 하는 것과 같다.

- 공부는 하지 않고 놀기만 하는 아이의 마음속은 불안하다. 오히려 공부하는 아이가 행복하다. 아이가 행복하기를 바란다면 매일 공부하게 해야 한다.

- 아이에게 공부는 어려운 일이다. 학교에서 하고, 집에서도 해야 하는 일이기 때문이다. 엄마가 먼저 아이의 어려움을 인정하고 이해해 주면, 아이는 고생스럽지만 기꺼이 감내한다.

- 공부가 습관이 되려면 66일 동안 자기 공부를 반복해야 한다. 그 어려운 일을 반복하려면, 아이의 기분을 좋게 해야 한다. 그것이 엄마가 할 일이다.

- 성적이나 등수와 관계없이 공부하는 과정에서 홀로 인생을 헤쳐 나가는 데 필요한 능력이 길러진다. 엄마가 포기하지 않고 아이에게 공부하는 습관을 길러 줘야 할 분명한 이유이다.

2장

아이는 엄마의 칭찬을
'기분 좋게' 먹고 자란다

칭찬에는 서툴고
잔소리에는 능한 엄마들 (I)

가뜩이나 공부를 못하는데 잘한다고 하면

더 공부 안 할 것이라고 걱정한다

민경 엄마　칭찬으로 공부시킨다는 말은 그럴 듯한데, 한번 생각해 보세요. 공부 안 하고 빼질대는 아이에게 도대체 뭘 어떻게 칭찬하나 요? 하나같이 눈에 거슬리는 짓만 한다니까요? 아침에 그렇게 깨워도 안 일어나서 맨날 지각하지, 집에 오면 스마트폰만 붙잡고 살아요. 몇 시에 자는지도 모르겠어요. 일찍 자라고 노래를 해도 말을 안 들어요. 도대체 내 말은 도통 안 들어요. 이제는 도끼눈 뜨고 나를 노려보기까 지 해요. 내가 못 들어오게 자기 방문을 잠가요. 이런 아이를 칭찬하라고요?

　실제로 많은 엄마들이 아이가 잘하고 있는데도 잘한다고 말해주지 않습니다. 잘한다고 하면 오히려 안 하게 된다고 생각하는 것이지요. 이처럼 부모가 공부와 칭찬에 대해 가지고 있는 사고방식이 칭찬하지 못하게 합니다. "괜찮아, 잘하고 있어"라고 아이에게 격려하는 말을 하면 아이가 정말로 공부를 대충 할까 봐 겁을 냅니다.

　따뜻한 말이 마음의 밥(공부하는 데 필요한 에너지)이라는 것을 이해하지 못하면 칭찬으로 공부시키는 일에 대해 회의적이게 돼요. 칭찬을 하다가도 성적이 안 나오면 곧바로 본래의 언어 습관(차가운 말)으로 돌아가 버리죠. '이러다가 아이가 공부를 더 안 하는 것 아냐? 더 버릇없게 만드는 것 아냐?'라고 겁을 먹거든요. 공부 못하는 아이일수록 공부할 에너지가 부족하니 따뜻한 말(칭찬)이 더 많이 필요한데, 현실은 오히려 반대죠.

아이가 잘하고 있는 일보다는
못하고 있는 일이 먼저 눈에 들어온다

민경 엄마　　아이가 잘하고 있는 부분은 신경 쓸 필요가 없다고 생각해서 잘못하고 있고 잘 안 되는 부분에 주로 관심과 초점을 맞추고 있어요. 그러다 보니 아이가 뭐 하나 제대로 하는 것이 없다는 생각을 자주 하게 돼요. 아이를 보고 있으면 짜증이 나서 말이 퉁명스럽게 나오기도 해요. 내 앞에서도 이 모양인데 나가서는 얼마나 더 엉망일까 생각해서 잔소리를 하게 돼요.

부모는 아이가 잘못했을 때는 다음에 그렇게 하지 말라는 의도로 반드시 콕 집어서 알려 주지만(이것이 지적하는 말, 잔소리입니다), 잘했을 때는 잘 칭찬하지 않는 경향이 있습니다. 아이는 부모에게 잘못한 일만 듣기 때문에 잘한 일은 하고도 모르는 경우가 많아요. 아이를 사랑하는 마음으로 매일 따뜻한 밥을 챙겨 주면서도 따뜻한 말은 안 챙겨 주는 것과 같지요.

칭찬하는 기준이 결과 중심이라
과정을 칭찬할 줄 모른다

민경 엄마　아이가 국어 점수를 60점 받아 왔어요. 비록 아이 점수가 엉망이라도 먼저 인정해 주라고 했는데요, 어떻게 이 점수를 인정해 주냐고요? "이것도 점수라고 받니? 이러려면 차라리 공부하지 마

라. 동네 창피해 죽겠다"라고 말했어요. 그랬더니 아이가 변명을 늘어놓는 거예요. "나만 60점 맞은 거 아니고 다른 친구들도 비슷한 점수 맞았어. 그래도 나 공부했다고! 공부했는데 60점밖에 안 나왔다고요! 문제가 이상해. 안 배운 것이 나왔어." 계속 이런 식으로 말해요. 저는 이런 말을 들으면 속이 터져서 더 화를 내게 돼요. '공부 안 한 자기 잘못은 인정하지 않고 뭐 잘했다고 고집만 부리나' 싶어서 저는 더 화가 나요. 공부 못해서 성적이 나쁜 딸을 위로해 주라는 말, 저는 동의하기 어려워요.

하은 엄마　아니 고작 공부하려는 마음이 생긴 것만으로도 칭찬해 주라고요? 공부하는 태도가 여전히 엉망인데요? 뭘 어떻게 칭찬해요?

엄마들은 학교에서 상을 받아 오거나 선생님에게 칭찬을 받은 일처럼 누구나 인정할 만한 성과를 거둘 때 칭찬하는 것이라 생각해요. 반대로 성과가 겉으로 드러나지 않는 사소한 일은 칭찬할 일이 아니라고 생각하지요. 특히 공부를 못하면 가정에서 아이가 소소하게 잘한 일이 있어도 칭찬할 일이 아니라고 생각하고 인정해 주지 않아요. "정리정돈만 잘하면 뭐 해? 공부를 못하는데…", "운동을 잘하면 뭐 해? 공부를 못하는데…." 이런 식으로 말하지요.

아이의 점수에만 집중할 뿐,
아이가 하는 다른 일에는 관심이 없다

성진 엄마　아이가 자기는 수학을 잘한다고 자랑하면 저는 칭찬해 주기보다 "아직 영어는 멀었지? 영어 공부 좀 더 열심히 해라. 국어 본문은 다 외웠어?"라는 식으로 요구하는 말이 나와요. 아이가 제 말을 잘 듣고 공부를 열심히 하니까 자꾸 욕심을 더 내게 되네요.

아이가 현재 가지고 있는 공부 능력(현재 받는 점수)을 받아들이지 않고 더 잘해야 한다는 관점으로 보기 때문에 아이가 100점을 맞거나 1등을 하지 않는 이상 칭찬할 수 없어요. 그보다는 부족한 부분에 대해서만 말하지요. 아무리 칭찬하고 싶어도 부모가 생각하는 좋은 성적이 아닐 때 어떻게 칭찬해야 할지 모릅니다. 그래서 지난 시험보다 성적이 올라서 70점, 80점을 맞아 와도 잘했다고 칭찬하기가 어렵지요. "80점밖에 못 맞았어? 왜 이렇게 많이 틀렸어?"라고 핀잔하거나 못마땅한 말투로 말하게 되지요. 90점을 맞아도 "왜 2개나 틀렸어?", 95점을 맞아도 "하나만 더 맞으면 100점인데, 이런 문제를 왜 틀려?" 하는 식이고, 심지어 100점을 맞아 오면 "너희 반에서 100점 맞은 아이 몇 명이야?"라는 말이 불쑥 튀어나옵니다. 아이가 시험만 보면 다투는 원인입니다.

아이의 말과 행동에 집중하지 않고
대충 듣고 건성으로 대한다

민경 엄마 아이가 저에게 자주 불만을 토로해요. "엄마는 나를 몰라요. 내 말을 집중해서 안 들어요." 밥 먹을 때 아이가 이런 얘기를 하면 저는 스마트폰을 봐요. 직장에서 갑자기 문자가 오면 바로 답장해 줘야 하거든요. 아이는 엄청 기분 나빠하죠. 아이 마음을 모르는 것은 아니지만, 저도 모르게 아이를 무시하는 마음이 들 때가 있어요. 성적이 엉망인데 공부도 안 하고, 버릇도 없고, 게다가 엄마를 수시로 무시하니 '내가 왜 너를 존중해?'라는 생각이 들거든요. 그러다 보니까 계속 눈에 거슬리는 모습만 보여요. 또 방을 어질러 놓았다고, 계속 먹는다고, 숙제하다 존다고 잔소리를 하게 돼요. 아이 행동 하나하나 못마땅해서 야단치다 보니 아이에게 애틋한 마음을 표현할 일이 별로 없었네요.

아이 말을 건성으로 들으니 칭찬할 거리가 안 들리고, 아이 행동을 건성으로 보니 칭찬할 거리가 눈에 안 보여요. '공부도 못하는 네가 뭘 알아? 공부하기 싫으니 또 핑계 대려고?'라는 식으로 부정적인 선입견을 가지고 아이가 하는 말과 행동을 해석하기 때문에 아이를 존중하지 못해요. 그런 경우, 무조건 부모 말을 들으라고 일방

엄마의 말투가 아이를 바꾼다 ___

적으로 끌고 가게 되고 아이는 자신이 사랑받는다는 느낌을 가질
수 없어요. 부모가 자기를 얼마나 사랑하는지 몰라요.

아이이 공부만 중요하게 여기고
일상생활은 중요하지 않은 일로 생각한다

진혁 엄마　아니, 자기 방 치우는 데 5분이면 되는데, 뭐가 힘드냐고
요? "치워라 좀! 이렇게 어질러 놓고 싶냐?", "네 나이가 몇 살인데 아
직도 이런 것 하나 제대로 못하냐?" 이런 식으로 말하게 돼요. 그런데
제가 이렇게 해서 지금까지 아이의 버릇을 하나도 못 고쳤어요. 전에
제가 아이에게 잘해 줄 때는 사이가 엄청 좋아서 아이가 제 말을 잘
들었거든요. 지금은 둘이 맨날 싸우기만 해요.

　아이의 성적을 중요하게 생각할수록 그 외의 일들은 상대적으
로 무시하게 돼요. 숙제하고 복습하고 준비물을 챙기는 일, 방과 책
상을 깨끗하게 유지하는 일 등은 분명 공부하는 과정에서 꼭 필요
하고 꾸준히 해야 해요. 아이가 스스로 하기 힘든 일이죠.
　이처럼 일상생활도 공부처럼 하기 힘든 일이라고 생각한다면,
부모는 마땅히 도와줘야 하지요? 그런데도 대부분의 부모는 남들

다 하는 일인데 아이가 게을러서 안 하는 것이라고 생각해 버려요. 오히려 아이의 게으른 습관을 부모로서 반드시 고쳐 주어야 한다는 신념으로 열심히 지적해요. 이런 상황에서는 칭찬이 끼어들 여지가 없어요.

🪴 ____ 아이를 바꾸는 엄마의 말투

- 부모는 아이에게 잘한다고 말해 주면 오히려 더 안 하게 될까봐 불안해해요. 하지만 아이는 엄마의 칭찬을 먹고 자라요. 칭찬은 많이 해 줄수록 좋아요.
- 아이의 잘한 일보다는 못한 일이 눈에 띄기 마련이고, 못하는 일을 잘하게 해 줘야 한다고 생각해서 지적하는 말을 하게 돼요. 부모의 의무라고 생각하기 때문이죠.
- 엄마가 중요하게 생각하는 것만 보지 말고, 아이의 모든 말과 행동을 주의 깊게 살펴보세요. 아이도 의외로 잘하는 일이 많다는 것을 알게 됩니다.

칭찬에는 서툴고
잔소리에는 능한 엄마들 (II)

아이 성적에 지나치게 민감해서
곧잘 다른 아이와 비교한다

미영 엄마　다른 아이들은 4학년 정도 되면 40분은 못해도 최소한 30분씩은 공부해요. 우리 아이는 왜 그걸 못 하냐고요? 하도 답답해서 제가 어떻게든 도와주려고 하면, "엄마 됐어. 가, 가, 저리 가. 내가 알아서 할게." 이러거든요.

성진 엄마　우리 아이가 그러더라고요. 괜히 엄마 말 듣고 공부해서 후회된다고요. 차라리 예전처럼 그냥 놀았으면 엄마가 더 요구하지 않았을 거라고요. 괜히 공부해서 더 힘들게 됐다면서 잘하는 수학마저도 손을 놓아 버렸어요.

부모는 아이에게 비교해서 말해 주면 자극을 받아서 더 잘할 거라고 생각하고 다른 아이와 자주 비교하고는 합니다. 부모 스스로가 절대 평가 문화보다 상대 평가 문화에서 자라서 그렇습니다. 평가를 주고받는 언어에 익숙하다 보니 "네 친구는 시험 잘 봤던데 너는 왜 이 모양이냐?", "너는 왜 그 애처럼 못하냐?"라는 말을 아무렇지도 않게 해요. 부모 자신은 더 잘하라는 의도로 말하기 때문에 잔소리인 줄 모르지요. 아이를 위해 해 준 '좋은 말'이라고 생각하니까요.

평소에는 사랑이 넘치고 너그러우더라도
공부만은 엄격히 시켜야 한다고 생각한다

민경 엄마 자녀교육 관련 책을 많이 읽고 교육 현장에서 일하기 때문에 누구보다 육아와 공부에 대해 잘 안다고 생각하는데도 아이를 대할 때 자주 강압적이고 싸늘한 말투가 그대로 나와요. 간혹 칭찬할 일이 생겨도 '칭찬해 줘 봤자 얼마나 가겠어?'라는 생각에 칭찬이 안 나와요. 공부하기 싫어서 쓸데없는 핑계를 댄다고 생각해서 억지로라도 공부하게 했어요. 그런데 학년이 올라갈수록 공부를 더 안 하네요. 이제는 "내가 공부하나 봐라. 엄마에게 복수하기 위해서라도 더 안 할 거다"라는 말까지 해요.

아이가 원하는 대로 들어주면서 공부시키는 것과 아이가 원하는 대로 들어주면서 방치하는 것은 달라요. 그런데도 아이가 원하는 대로 들어주면 버릇이 없어지고 공부를 더 안 할 거라고 생각해요. 좋게 말하면 말을 안 듣는다고 생각하지요. 엄격하게 말해야 아이가 공부한다고 생각하지요. 평소에는 부드러운 부모도 아이를 공부시킬 때는 말투가 차갑게 확 바뀝니다.

어떻게든 숙제를 하게 하고
공부시켜야 한다는 강박이 강하다

미영 엄마 아이 숙제를 도와줄 때마다 너무 화가 나요. 왜냐하면 아이의 기억력이 되게 나빠요. 어렸을 때부터 몇 번이나 얘기해 줘도 잘 까먹어요. 그런데다가 느리니까 답답해요. 빨리 반응이 안 나오면 "빨리 좀 해! 방금 외운 건데 기억 못 해? 정신을 어디에 두고 있는 거야?" 이렇게 짜증을 내죠. 틀리게 쓰고 있으면 화내듯이 지적하고요.

민경 엄마　공부의 '공'자만 나오면 어느새 아이와 다투고 있어요. 공부는 안 해 놓고 엄마에게 빠득빠득 대든다고 화를 내서 그런지 아이 고집도 점점 더 세져요. "그게 다 한 거냐?"라고만 말해도 아이가 화를 내니 서로 다투게 되는 거죠. 빨리 엄마 임무에서 벗어나고 싶었어요. 아이 키우기 너무 힘들어서 '아이가 빨리 커서 각자 할 일 하고 살면 좋겠다'라는 생각밖에 없었어요. 따뜻한 말과 공부의 관계를 생각해 본 적 없고, 공부를 행복하게 할 수 있다는 생각도 못 해 봤어요. 행복은 아예 기대도 안 했어요.

　지금 아이는 공부하는 것을 싫어해요. 안 하려고 하죠. 그런 아이를 보고 있으면 엄마는 초조해지고 아이를 어떻게든 공부시켜야 한다고 생각해요. 그것이 아이를 도와주는 것이라고 생각하기 때문이에요.

　물론, 맞는 말입니다. 하지만 필시 억지로 시키게 돼요. 아이는 아직 준비가 안 되어 있으니까요. 아이를 공부시키려고 도와주다가 오히려 관계가 심하게 나빠지는 지경까지 가요. 아이와 매일 다투듯이 대화하다 보니 어느 새 감정이 쌓여서 비꼬듯이 말이 나오고 화를 내고 잔소리하는 말투가 습관이 되어 버리지요. 부모가 밖에서는 부드럽고 친절한 말투를 사용하지만 집에 오면 매몰찬 말투가 습관처럼 나오는 이유이기도 해요.

아이와의 대화가 부족해서
아이의 장점을 모른다

미영 엄마　　사실 아이와 공부에 대해서 제대로 얘기해 본 적이 거의 없어요. 아이 말을 듣고 있다 보면 화가 나서 그냥 듣고 있지 못하겠더라고요. 그러다 보니 아이가 공부에 대해 어떻게 생각하는지 모르겠고, 학교에서 어떤 자세로 공부하는지도 모르는 것이 사실이에요.

민수 엄마　　아이랑 말이 안 통해요. 아이 말을 듣고 있으면 말 같지 않아요. 앞뒤가 안 맞아요. 그러다 보니 제가 정정해 주려고 아이 말을 끊게 돼요. 최소한 알아듣게는 말해야 하잖아요. 그래서 그런지 아이 말을 끝까지 집중해서 들어주기가 힘들어요. '어휴, 그만한 일이 무슨 대수라고. 별일도 아닌데 이 난리람' 하는 생각이 들어요. 아이의 말을 진지하게 생각하지 않으니까 "쓸데없는 소리 그만하고 얼른 네 할 일이나 해! 공부하기 싫으니 별 핑계를 다 대는구나!", "말 좀 똑바로 해, 무슨 말인지 모르겠어!"라는 말만 하게 돼요.

공부로 아이를 칭찬할 일은 참 드물어요. 공부를 주제로 아이와 깊게 대화해 본 적이 없어서 아이가 공부에 대해 어떻게 생각하는지, 아이의 현재 공부 습관이 어떤지 잘 모르기 때문이에요. 마찬가지로 아이를 잘 모르면 잔소리밖에 할 말이 없어요. "잔소리는 자연스럽게 나오는데 막상 칭찬하려고 하면 뭘 칭찬해야 할지 모르겠어요"라고 말하는 이유도 아이를 잘 모르기 때문입니다.

칭찬을 단순히 긍정적이고 좋은 말이라고 오해하기도 합니다. 그래서 아이가 잘못해도 무조건 잘한다고 말합니다. 소위 '영혼 없는 칭찬'처럼 말합니다. '공부 안(꽃) 하는 아이에게 칭찬할 거리가 도대체 뭐가 있단 말인가? 칭찬을 하면 좋다고 하니 그냥 듣기 좋게 말해 주자'는 생각으로 막연하고 두루뭉술하게 표현하지요. 아이가 부모의 그런 말을 처음 한두 번은 좋아하지만 나중에는 식상하게 듣게 됩니다. 부모도 속으로는 못마땅하게 생각하면서 계속 억지로 칭찬해 주려니 점점 더 칭찬이 나올 리 없습니다.

실제로는 잔소리를 하면서도
칭찬하고 있다고 생각한다

성진 엄마　아이에게 꼭 필요해서 해 주는 말인데 왜 그렇게 듣기 싫어할까요? 제 말을 안 들으려고 피하면 저는 "엄마가 말하는데 버릇없이 어디 가!" 하고서 쫓아다니면서 말하거든요. 따라다니면서 말해요. 그러면 아이는 방문을 걸어 잠그고 저를 못 들어오게 해요. 나중에는 집에 들어와서 저랑 눈도 안 마주치고 아무 말도 안 하려 하더라고요. 밥만 먹고 자기 방으로 들어가서 문을 잠가 버리죠.

부모는 아이에게 꼭 필요한 말이니 아이가 기분 좋게 들을 거라고 생각하는 듯해요. 그게 잔소리인 줄 모르는 거지요. 여러 번 반복해서 말했어도 자신이 똑같은 말을 반복하고 있다는 생각도 하지 못해요. 공부 안 하려고 고집부리는 아이를 공부시키는 유일한 길은 따뜻한 말(칭찬, 기분 좋은 말)밖에 없다는 사실을 인정하지 않아요. 자꾸 시키고 확인해야 공부시킬 수 있다고 생각해요. 그게 잔소리인데 말이에요.

잔소리는 차가운 에너지예요. 수학적으로 따지면 마이너스 에너지거든요. 잔소리를 할수록 아이는 에너지를 뺏겨요. 아이가 엄마의 잔소리를 듣지 않으려 하는 것은 부모를 싫어해서가 아니라 에너지를 뺏기고 싶지 않아서예요. 아이 나름대로 자신을 보호하는 방법이지요.

좋은 성품을 가진 사람만
따뜻한 말을 할 수 있다고 오해한다

미영 엄마　　말투를 바꿔서 다정하게 말했더니 어색하고 창피하고 부끄럽고 마음이 아주 복잡했어요. 아이가 "엄마 왜 그래? 그냥 하던 대로 해!"라는 반응을 보이니까 두 번 다시 안 하고 싶어지더라고요. 내가 하는 부드러운 말을 비웃는다 싶으니 나도 모르게 욱해서 '내 성질로는 이런 말 도저히 못 해 먹겠다. 애가 공부를 하든지 말든지 모르겠다' 싶었어요.

민수 엄마　　어휴, 엄마 노릇 하기 힘드네요. 따뜻한 말로 아이 공부 시키려면 엄마 인격이 성숙해야 될 것 같아요. 인내심도 좀 있어야 할 것 같고요. 아이 앞에만 서면 어떻게 부드러운 말을 해야 할지 얼른 생각이 안 나서 평소처럼 말하게 되거든요. 또는 어떻게 말해야 할지 알지만 감정이 상해서 일부러 안 하고 싶을 때도 있고요. 하는 짓 보면 확 쥐어박아도 시원찮을 아이에게 부드럽고 너그럽게 칭찬하고 인정하라 하니 막막해요. 아이 공부를 위해서라고 생각하고 억지로 부드럽게 말할 때도 있어요.

　　칭찬하는 말, 배려하는 말, 기분 좋게 하는 말을 하는 것은 그 사람의 성품과 관계없어요. 누구나 배우기만 하면 할 수 있어요. 언어 습관이니까요. 실제로 칭찬을 제대로 하지 못하는 목사님, 신부님, 스님도 많아요. 종교인이 칭찬에 서툰 이유는 설교를 칭찬이라고 오해하기 때문이지요. 설교는 차가운 말이지 따뜻한 말이 아닙니다. 칭찬을 성격 좋고 성품 좋은 사람이 하는 말로 생각하면 '칭찬은 도저히 내 체질이 아니야. 이렇게 닭살 돋는 말 못 하겠어' 하고 처음부터 포기해 버리게 돼요. 혹은 '나도 부모님께 칭찬을 못 들어 봐서 그런지 내 자식인데도 칭찬하기가 쑥스러워'라며 칭찬하는 것을 어색해하기도 하지요.

한편으로는 어색함과 쑥스러움을 무릅쓰고 아이를 칭찬했건만 "엄마 오늘 왜 이래? 뭐 잘못 먹었어? 솔직하게 말해? 나에게 바라는 것이 뭐야?"라는 식으로 아이가 반응하면 자존심이 상해서 바로 칭찬을 그만두기도 해요. 외국어를 배우다가 힘들면 이런저런 이유를 대며 그만두듯이, 따뜻한 말 하는 것도 어렵다고 느끼면 '꼭 칭찬해야 하나?', '칭찬해 줘도 소용없어' 등 여러 핑계를 대면서 그만둡니다.

🌱 TIP _____ 아이를 바꾸는 엄마의 말투

- 공부로 아이를 칭찬하기는 아주 어려워요. 공부는 성적으로 드러나고, 성적은 비교하기 쉽고, 일단 비교하기 시작하면 칭찬할 일보다 잔소리할 일이 많아집니다.
- 공부는 아이가 해야 하는 일이기는 하지만, 부모가 너무 집착하면 아이에게 지적하는 말

위주로 하게 돼요. 지적하는 말은 차가운 말이고, 아이의 공부할 기운을 빼앗아요.

- 아이랑 말이 안 통하면, 당연히 아이를 공부시킬 수 없어요. 일단 아이와 말이 통하는 엄마가 되어야 해요.

- 따뜻한 말을 하는 것은 성품이나 성격과 상관없이 누구나 할 수 있어요. 말투는 습관이고, 배워서 고칠 수 있어요.

칭찬이 서툰 엄마를 위한
칭찬의 기술 (I)

공부 안 하겠다고 고집부리는 아이,

먼저 '기분이 좋아지게' 도와줘라

칭찬은 부모가 아이에게 챙겨 주는 밥 같은 것입니다. 마음의 밥 입니다. 성격 좋고 성품 좋은 사람만 밥할 줄 아는 것이 아니라 어른 이면 누구나 밥할 수 있는 것처럼 말을 할 줄 아는 어른이면 누구나 칭찬할 수 있습니다. 매일 맛있게 밥해 주려고 레시피를 찾고 이것 저것 고민하듯이 말을 맛있게(따뜻하게) 하려고 말 레시피도 찾고 고 민하면 됩니다.

잔소리는 노력하지 않아도 저절로 나오지만 칭찬은 그냥 되지 않아요. 요리를 배워서 직접 해 봐야 잘할 수 있듯이 칭찬도 생각하고 연습하는 과정을 거치면 맛있는 말이 만들어집니다. 물론 처음에는 평소 안 하던 칭찬을 하려니 순간 뭐라고 말해야 할지 몰라서 당황스럽거나 어색할 수 있어요.

공부 잘하게 하는 것은 나중 일이에요. 공부를 안 한다는 것은 공부해야 하는 시간에 논다는 의미이고, 노는 일이 습관이 되어 있다는 뜻이지요. 노는 일이 습관이 된 아이를 공부시키려면 처음에는 심하게 저항해요. 아이는 물론이고 공부하도록 돕는 부모도 매우 힘이 들지요. 이때 필요한 에너지가 바로 밥, 따뜻한 말, 칭찬입니다.

어른도 하기 싫거나 제대로 못하는 일은 안 하려고 자꾸 미루잖아요. 하기 싫은 일을 하려면 잘하는 일을 할 때보다 에너지가 훨씬 많이 필요하지요. 칭찬은 안 해 주고 열심히 공부하라고만 말하는 것은 마치 배고픈 아이에게 밥은 안 주고 열심히 공부하라고 다그치는 것과 같아요. 공부를 대충 하든, 졸면서 하든, 놀면서 하든 관계없이 공부를 하기만 하면 일단 칭찬부터 하세요. 칭찬을 받으면 하기 싫은 공부도 기분 좋게 할 수 있어요. 기분이 좋아지면 귀찮아서 하기 싫다고 툴툴거리면서도 공부해요.

민수 엄마　　또 아이랑 언성을 높였어요. TV를 보면서 숙제를 하겠다는 거예요. 국어 숙제는 그냥 베끼면 되는 일이라 TV 보면서 해도 된다고 억지를 쓰는데, 너무 어이가 없지 뭐예요. 제가 "그냥 베끼는

게 어디 있니? 쓰면서 기억하라고 숙제를 내주는 건데 말도 안 된다!" 라고 말해도 아이는 제 말을 듣는 둥 마는 둥이에요. 엄마 말을 무시한다 싶어서 소리를 지르면서 TV를 꺼 버렸지요.

칭찬 샘　　공부하겠다는 자세 자체를 엄마가 대단하게 여기고 엄청 칭찬해 주면 칭찬이 곧 동기부여가 돼요. TV를 보면서 공부를 하든, 음악을 들으면서 하든, 공부하겠다는 자세와 태도는 칭찬받을 일이지요. "응 그래, 뭐 보고 싶은데? 우리 아들이 공부를 하겠다니 예쁘네"라고 아이가 원하는 대로 흔쾌히 들어주시면 돼요. 요즘 아이들은 멀티 세대라서 한 번에 두세 가지를 동시에 할 수 있어요. TV 보고 음악 들으면서도 공부에 집중할 수 있으니 너무 염려하지 않아도 돼요.

'공부하도록' 돕기 위해서는 성적이나 점수를 올리는 일보다 아이와 '사이좋음'에 더 큰 가치를 둬라

부모는 공부시켜야 하는데 아이는 공부하기 싫어하면 부모와 아이가 자주 다투게 되니 자연히 사이가 나빠지기 쉽지요. 아이를 공부시키려면 성적을 올리는 일보다 아이와 사이좋은 관계를 유지하는 일을 우선으로 하세요. 사이가 좋아야 아이를 기분 좋게 할 수 있고, 아이가 기분이 좋아야 엄마가 공부하라고 말할 때 말을 듣거든요. 성적을 올려야 한다는 조급한 마음이 크면 '사이 나쁨' 방법으로 공부를 시키게 돼요. 사이가 나쁜 상태로는 결코 아이 공부를 도울 수 없어요. 아이가 부모 도움을 거절하기 때문이지요. 칭찬이 아닌 소위 잔소리로는 아이를 공부하도록 돕기 어려워요.

민수 엄마　아들이 제 말을 끝까지 안 듣고 중간에 딱 잘라요. 듣기 싫은 말이나 잔소리다 싶으면 딱 잘라 버려요. 저는 화를 내면서 명령하듯이 "엄마 말 끝까지 들어! 어디서 버릇없이"라고 언성을 높이게 되죠. 그래도 아들은 저를 무시하고 자기 방으로 들어가 버리거든요.

칭찬 샘　아들과 사이가 안 좋을 때는 어떤 훈육보다 사이좋음을 먼저 선택하시면 좋겠어요. 사이좋음과 훈육을 모두 잡으려면 둘 다 놓쳐요. 아무리 좋은 말도 아이가 안 들으면 소용이 없으니까요. 아이 입장에서는 기분 나쁠 수 있거든요. 엄마가 자기 말투를 고치려고 집요하게 지적하는 것으로 오해할 수 있으니 엄마 말 듣는 것이 귀찮고 싫을 수 있어요.

민수 엄마　제가 말하고 있는 도중에 끼어들어서 "아! 알았어, 알았어, 알았다고! 알았으니 더 말하지 말라고!"라고 나오면 어떻게 해야 하지요?

칭찬 샘　　더 이상 말하지 말고 바로 멈추시면 돼요. 도중에 말을 끊어 버린 아들에게 화내는 식으로 멈추는 것이 아니고요, 웃으면서 "아들이 엄마 말 다 알아들었구나. 그래 엄마 그만 말할게"라고 부드럽게 말하시면 돼요. 실제로 아이는 엄마가 무슨 말을 하려는지 다 알아요. 오늘 처음 한 말이 아니잖아요? 거의 매일 들은 말일 가능성이 크지요. 엄마가 아이에게 해 주고 싶은 말을 다 못했어도 괜찮아요. 정말 괜찮아요. 하고 싶은 말을 한 번에 다 하려니까 엄마 말이 길어지는 거지요. 엄마 말을 중간에 끊는 습관을 고쳐 주려면 아이가 그만 말하라고 할 때 먼저 아이 말을 들어주시면 돼요.

부모가 아이 공부를 도와준다는 것은 아이 기분을 좋게 해서 공부하도록 챙겨 주는 일을 말한다

아이가 학교에 가려면 부모가 많은 것을 챙겨 줘야 합니다. 깨워 주고, 밥 챙겨 주고, 간식과 물을 챙겨 주고, 준비물을 챙겨 주고, 입고 갈 옷도 미리 빨아서 챙겨 주고, 신발도 더러워지면 빨아서 챙겨 주고, 용돈도 챙겨 주고… 이런 많은 것을 챙겨 줘야 학교에 갈 수 있지요. 안타까운 것은 부모가 이렇게 많은 일을 챙겨 주면서 정작 공부는 챙겨 줄 일이 없다고 생각하는 것입니다. "공부는 아이가 하는 것이니 자기가 알아서 해야지 내가 뭘 해 줘?"라고 생각하지요.

만약 학교에 가기 위해 필요한 이 모든 일을 부모 도움 없이 아이가 알아서 준비해야 한다면 아마 거의 매일 지각하거나 피곤해서 수업 시간마다 졸겠지요. 하물며 그 어려운 공부를 하는데 아이가 아무런 도움을 받지 않고 혼자서 할 수 있을까요? 아이가 학교 마치고 집에 돌아와서도 기꺼이 공부하려면 그럴 기분이 들어야 해요. 공부는 어렵거든요. 부모가 할 일은 바로 아이 기분 상태를 챙겨 주는 일이죠.

오늘 공부할 일을 오늘 해내면 공부가 밀리지 않고 매일 지식이 쌓여요. 그러다 보면 나중에는 아이가 공부를 스스로 알아서 챙길 수도 있을 거예요. 하지만 아이는 대부분 공부하기를 싫어하니 아이가 처음부터 숙제나 복습을 스스로 챙기는 것은 불가능합니다. 부모가 챙겨 주지 않으면 내일로 미루고 모레로 미루지요. 그런 식으로 해야 할 공부가 쌓이고 나중에는 너무 많아져서 손을 놓는 상황이 되어 버려요. 부모가 아이를 기분 좋게 해 주면서 매일 공부를 챙기면 아이는 부모 말대로 공부해요.

민경 엄마　　아이 시중을 들어 주라고 하는데, 제가 그렇게까지 꼭 해야 하나요? 엄마를 종 취급할까 봐 마음이 안 내켜요. 우리 아이는 제가 "어서 들어가서 공부해야지!"라고 말하면 표정이 확 굳어져요.

칭찬 샘　　당분간은 공부하라는 말 하지 말아 보세요. 아이가 마음이 움직여서 공부하려고 하다가도 엄마가 공부하라고 말하는 순간 마음이 굳어지면서 하기 싫어지거든요. 그리고 아이는 보통 다 예상해요. 이쯤 되면 엄마가 공부하라고 말할 것이라고 기가 막히게 알아요. 한번 그 예상을 깨 보세요. 그냥 기특하다는 듯 아이를 바라봐 주고 안쓰러운 마음을 가지고 말해 주세요.

민경 엄마　　그래서 상담 후에는 간식으로 과일을 깎아다 주었어요. 우리 딸은 과일을 예쁘게 깎아서 주면 좋아해요. 그동안은 아이 공부하는 모습이 마음에 안 들어서 일부러 안 해 줬는데 포크까지 꽂아서 갖다 주니 좋아하더라고요.

칭찬 샘　　잘하셨어요. 정말 잘하셨어요. 예쁘게 깎아서 주면 아이는 무조건 좋아하지요. 나와서 먹으라고 하지 마시고 엄마가 직접 갖다 주며 시중을 들어주면 더 좋지요. 지금은 아이가 왕이에요. 엄마가 시중을 들수록 공부해요. 엄마는 아이를 공부하게 하고 싶은데 아이가 공부를 안 해서 다투는 것 아니겠어요? 공부시키는 방법을 제가 지금 알려 드리는 거예요. 간식을 기분 좋게 먹는 것도 공부와 관계가 있어요. 엄마는 아이 시중을 들어 줘도 전혀 억울한 일 아니에요. 시중을 들어 줄수록 아이는 공부하게 돼 있거든요.

매일 아이 공부를 챙겨 주려면
부모부터 공부에 대한 생각을 바꿔야 한다

아이는 매일같이 공부해야 하는 일을 싫어할 수밖에 없지만, 부모에게도 아이가 공부하도록 매일 챙겨 주는 일은 귀찮고 하기 싫지요. 따라서 부모는 공부를 점수나 성적이라는 관점에서 벗어나서 학생이 하는 일이라는 새로운 관점(사고방식)으로 인식해야 해요. 그래야 귀찮고 힘들어도 매일 챙겨 줄 수 있어요.

우리가 직장에서 하는 일(돈)을 삶의 중요한 가치로 생각하고 우선순위를 두기 때문에 다른 일은 못 하더라도 직장 일(돈 버는 일)을 뒤로 미루지는 않지요. 마찬가지로 아이가 공부하도록 챙기는 일도 우선순위로 두고 있어야 부모가 아무리 바쁘거나 피곤해도 아이가 오늘 할 일(공부)을 하고 자도록 도와줄 수 있어요. 그렇지 않으면 아이가 자기 일(공부)을 내일로 미루듯이 부모도 아이 공부 돕는 일을 내일로 미루지요. 한번 부모가 미루기 시작하면 아이도 따라서 미루고, 미루는 일은 이제 습관이 되어 버려요.

미영 엄마　　공부는 노력도 중요하지만 타고나는 것도 있잖아요. 아무리 해도 안 되는 아이에게 자꾸 공부하라고 하는 것도 스트레스가 아닐까요? 그런데 지금 아이가 거우 초등학교 4학년인데 벌써부터 공부를 포기하는 것이 맞는가 싶기는 해요. 딜레마에 빠진 기분이에요. 대학에 보내지 말고 기술을 배우게 할까 싶기도 하고요.

칭찬 샘　　공부를 점수의 관점에서가 아니라 학생이 하는 일의 관점으로 보면 상황이 명확해져요. 학생이 할 일이 공부인데 공부를 안 하면 어떻게 될까요? 매일 놀고먹다 보면 놀고먹는 습관이 생기고, 놀고먹는 능력이 탁월해질 거예요. 나중에는 부모가 아이를 감당하지 못해요. 중학생쯤 되면 아이도 후회하지요.

미영 엄마　　아이가 나중에 공부 안 한 것을 후회한다고요? 설마요?

칭찬 샘　　멀쩡한 애를 공부 안 해도 괜찮다고 내버려 두어서 그래요. 백수 비슷한 삶을 살게 만들었거든요. 백수라고 백수의 삶을 좋아하겠어요? 하는 일 없이 노는 것은 누구에게나 힘들어요. 그리고 엄마가 아이 공부를 이미 포기했다고 해도 눈앞에서 매일 놀고먹기만 하는 아이를 보면 스트레스가 쌓여요. 아이가 예쁘게 안 보이면 엄마는 원래 아이를 예뻐하는 것이 본성인데도 본성을 거스르는 말을 하고 그런 표정을 짓게 돼요. 그러면서 엄마와 아이 사이에 오해가 생겨요. 아이는 엄마가 자기를 미워한다고 생각하고 엄마도 아이가 자기를 싫어한다고 생각해요.

미영 엄마　　맞아요. 지금 우리 집 상황이 딱 그래요. 아이가 공부 때문에 스트레스를 너무 받으니 안쓰러워서 공부 안 해도 된다고 했는데, 생각과는 전혀 다른 방향으로 가고 있어요. 아이와 심하게 다투고 아이를 미워할 수밖에 없는 상황으로 몰고 가게 되네요.

칭찬 샘　　그래서 부모는 아이 공부를 포기하면 안 돼요. 아니 사실은 포기할 수도 없어요. 말로만 포기해요. 정말 포기했으면 아이가 놀고먹어도 아무렇지 않아야 하는데 실제로는 그런 아이를 보고 있으면 엄마 마음이 힘들거든요. 아이 공부는 포기할 수 없는 영역인 것이에요. 남편이 놀고먹어 보세요? 어떻게 포기할 수 있어요. 어떻게 좋은 마음이 나오겠어요? 같은 원리예요.

공부를 잘하는 비결은 '공부하는 일'을
습관으로 만드는 것이다

아무리 어려운 일도 그 일을 습관으로 만들면 해내기가 훨씬 수

월해져요. 공부는 아이에게 아주 어려운 일이에요. 그 어려운 일을 해내려면 매일 자동적으로 하도록 습관으로 만들면 돼요. 그런데 아이 혼자서 스스로 습관을 만들기는 역시 어려우니 부모가 따뜻한 말(칭찬)로 매일 챙겨 줘야 해요. 그러면 가능하지요. 매일 아이에게 따뜻한 말을 챙겨 주려면 아이와 사이가 좋아야 해요. 또 사이가 좋으면 따뜻한 말이 저절로 나와요. 잔소리로는 공부가 습관이 되게 할 수 없어요. 잔소리는 옳은 말일 수는 있으나 사랑의 말(따뜻한 말)은 아니거든요.

미영 엄마　　아이를 기분 좋게 도와주면 뭐하냐고요? 5분, 10분을 못 하고 딴짓을 하거든요. 못 참겠어요. "겨우 이거 하나 하고 지금 딴짓 하니?" 이렇게 말이 나와요.

칭찬 샘　　하루 5분, 10분이 1주일만 쌓여도 어마어마한 시간이에요. 엄마는 공부하는 습관을 만들어 주기만 하면 돼요. 그러면 공부에 대해서는 엄마가 할 일을 다 한 거예요. 처음에는 엄마가 아이의 공부 습관을 관리해 줘야 해요. 이제 겨우 11살인 아이가 어떻게 스스로 습관을 만들어요? 그것도 어렵고 힘든 공부 습관을요. 이때 엄마는 공부에 대해서 일관성을 가지고 접근해야 해요. 그렇지 않아도 공부하기 싫은데 엄마가 틈을 보이면 아이는 그 틈을 기가 막히게 알아채고 자기에게 유리하게 이용하거든요.

미영 엄마　　맞아요. 우리 아이는 제가 공부에 대해 좀 느슨하다는 낌새를 잽싸게 알아채요. "엄마 나 좀 쉴게" 하면 제가 "그래라. 이때 놀아야지 언제 노냐?" 하거든요.

칭찬 샘　　공부에 대한 엄마 생각이 왔다 갔다 하면 아이도 공부를 하다 말다 해요. 공부 습관 만들기가 어렵게 되죠. 부모가 일관성이 있어야 아이를 일관성 있게 공부하도록 도울 수 있어요. 공부 습관을 만들어 주는 일은 부모가 아이에게 줄 수 있는 최고의 선물이에요.

🌱TIP ___ 아이를 바꾸는 엄마의 말투

- 아이가 TV를 보며 공부하든, 5분만 공부하든, 점수를 50점밖에 못 받았든, 일단 공부하고 있는 것 자체를 먼저 칭찬하세요.
- 훈육과 사이좋음이 부딪힐 때, 사이좋음을 선택합니다. 사이가 좋아야 기분이 좋아지고 엄마 말을 들어요.
- 부모가 아이 공부를 도와준다는 것은 아이 기분을 좋게 해서 아이가 기꺼이 공부하도록 챙겨 주는 일을 말합니다.
- 부모는 아이에게 공부하는 습관을 만들어 주면 할 일을 다 하는 것입니다. 아이의 공부 습관은 따뜻한 말로만 만들어 줄 수 있습니다.

칭찬이 서툰 엄마를 위한
칭찬의 기술 (II)

집중해서 들어야

아이가 말하고자 하는 의도를 알 수 있다

일단 아이가 말하고자 하는 의도를 알아야 대화를 이어 나갈 수 있습니다. 아이와의 대화가 중간에 끊기는 이유는 부모가 엉뚱하게 반응하기 때문이에요. 부모가 하고 싶은 말만 하고 아이의 말은 듣지 않으니까요. 아이의 말에 담긴 의도, '이렇게 해 주면 좋겠다'는 요구를 무시하거나 아예 들으려 하지 않기 때문이지요. 대화가 끊기면 그날 공부를 부모가 챙겨 주기 어려워져요. 아이가 기분이 상해서 말을 안 듣거든요.

사장이 상품을 팔기 위해 고객에게 집중하듯이 부모는 공부를 챙겨 주기 위해서 아이가 하는 말을 집중해서 들어야 해요. 그리고 아이의 요구를 알았다면 흔쾌히 들어주세요. 그러면 아이가 처음에는 부모의 공부하라는 말을 억지로 들어주다가 점점 더 흔쾌히 들어주게 돼요.

진수 엄마　아이와 대화할 때 제가 집중하지 않아서 못 알아듣기도 하지만, 어떤 경우는 '얘가 왜 이런 식으로 말하지?' 싶은 경우도 있어요. 아이 논리가 너무 생뚱맞아서 제가 말을 자르고 제대로 말하라고 하거든요. 돌이켜보면 아이가 말할 때 아이가 원하는 반응을 해 주지 못한 것 같아요.

칭찬 샘　그럴 때는 엄마가 솔직하게 표현하면 좋아요. "엄마는 네가 왜 그렇게 말하는지 의아한데 한 번 더 설명해 줄래?" 아이가 엄마를 이해하도록 도와주려면 엄마도 오픈해야 해요. '어린 아이에게도 배울 것이 있다'는 자세로 다가갈 때 서로 오해가 덜 생겨요. 감정이 덜 상해요. 엄마가 아이에게 오픈할수록 더 친밀해지고 권위도 서요. 그리고 정말 못 알아들었을 때는 웃으면서 "미안하다. 엄마가 딴 생각을 했어"라고 인정하면 돼요.

아이를 아는 만큼
칭찬거리가 많아진다

칭찬해 주기 위해, 칭찬할 기회를 놓치지 않기 위해, 칭찬할 거리를 찾기 위해 아이가 하는 말과 행동에 집중해야 합니다. 집중해야 아이가 잘하고 있는 부분을 알 수 있어요. 이런 자세로 집중하면서 아이 말을 들으면 부모가 적극적으로 동의하고 공감한다고 생각하는 아이는 신이 나서 학교생활, 이성 친구, 선생님, 시험 이야기 등 이것저것 말을 많이 하게 되지요. 아이가 말을 많이 할수록 부모는 그 안에서 아이가 잘하고 있는 것을 발견할 가능성이 커지고, 그러면 칭찬하기도 쉬워지죠. 아이가 잘하고 있는 일을 모르기 때문에 칭찬이 안 나오거든요.

세찬 엄마　아이 기분 좋게 하는 것보다 '얘가 내 앞에서도 이 모양인데 나가서는 얼마나 더 엉망일까?'라는 생각이 앞서서 아이의 안 좋은 점을 고쳐 주려고 잔소리가 먼저 나와요.

칭찬 샘　아이들은 부모 앞에서 엉망으로 행동하더라도 밖에 나가면 다르게 행동하지요. 지레 걱정할 필요 없어요. 고쳐 주려고 애쓰기보다 '어떻게 하면 아이가 잘하는 순간을 놓치지 않고 칭찬할 것인가?'를 생각하면 좋겠어요. 아이도 엄마에게 칭찬을 받으면 불안하거나 긴장되지 않아서 마음이 편해져요. 그러면 아이는 공부하게 되지요. 공부는 안정감으로 하는 것이거든요.

부모와 아이의 사이가 좋으면 신뢰가 생기고
비로소 공부에 대한 대화도 할 수 있게 된다

공부를 주제로 아이와 자연스럽게 대화할 수 있는 단계까지 오면, 공부하도록 돕기가 훨씬 쉬워집니다. 아이 일상의 80~90%가 공부인데 공부를 빼면 대화할 거리가 거의 없지요. 아이들이 공부를 안 하면 성적이 떨어지는 것보다 더 큰 손해가 부모와 대화가 단절되는 것이에요. 공부로는 대화하지 않기 때문에 부모가 아이의 삶이나 생각을 모르게 돼요.

청소년에게 일어나는 많은 불행한 일이 부모가 알면 얼마든지 도와서 해결할 수 있어요. 하지만 사이가 나쁘면 아이가 부모에게 말을 하지 않기 때문에 부모가 모르기도 하거니와, 아이 또한 부모를 신뢰하지 못하니까 문제가 발생해도 부모에게 도움을 요청하기보다 혼자서 해결하려 해요. 아이들이 나쁜 꾐에 빠지게 되지요.

어렵고 힘든 공부일수록 따뜻한 말로 도와주어야 아이와 친하게 지낼 수 있어요. 공부를 주제로 대화하기 어려운 이유는 점수나 성적으로만 대화하기 때문이에요. 성적이 떨어지면 꾸짖고 화내고

엄마의 말투가 아이를 바꾼다 ___

야단만 칠 뿐, 정작 공부에 대한 아이의 고민, 기쁨 , 걱정, 신남 등 아이의 마음에는 관심이 없으니 모르지요. 내 자식이라도 겉모습은 알 수 있을지 모르나 속까지는 몰라요. 대화로만 알 수 있거든요. 마음의 영역은 안 보이기 때문에 말하지 않으면 모르니까요. 공부를 학생이 하는 일로 이해하면, 부모가 일하면서 겪는 스트레스나 걱정, 근심을 우리 아이도 하고 있다는 것을 알게 돼요. 알면, 아이 고민에 공감할 수 있고 같이 나눌 수 있지요.

공부를 기분 좋게 하도록 도와주면 매일 공부로 대화할 수 있게 되기 때문에 대화가 점점 다양해지고 깊어집니다. 세대 차이나 문화 차이를 넘어서 인격 대 인격으로 존중하면서 대화하게 되지요. 대화할수록 아이가 가지고 있는 공부에 대한 생각과 능력을 알게 되기 때문에 비록 눈으로 보이는 점수의 변화가 바로 나타나지 않아도 아이를 신뢰하게 돼요. 실제로도 아이와 공부로 대화를 나눌 수 있을 정도로 아이와 친해지면 성적은 무조건 올라갑니다. 그리고 아이를 신뢰하는 만큼 잔소리가 줄어요. 잔소리는 아이를 믿지 못해서 나오는 말이거든요.

성진 엄마   아이를 예뻐하면서 공부시킨다, 칭찬으로 공부시킨다? 들어 본 적이 없어요. 아이가 공부하게 하려면 억지로라도 책상에 앉혀야 한다고 생각했거든요.

칭찬 샘   그렇지요. 엄마가 공부에 대한 생각을 바꾸지 않으면 공부 안 하는 아이를 부드럽게 대하기는 아주 어렵지요. 제가 아이에게 너그러우라고 조언하는 이유는 설령 아이가 공부를 안 하거나 못해도 칭찬으로 도와주면 아이와 엄마가 엄청 친해지기 때문이에요. 성진 엄마도 지금쯤 아마 아이에 대해 예전보다 많이 알게 되었을 거예요. 따뜻한 말로 공부를 도와주면서 알게 된 것들이지요. 공부를 강압적인 방법으로 도와주면 아이의 속까지 알 수 없어요.

성진 엄마   맞아요. 아이가 "엄마는 나를 몰라"라는 말을 자주 했어요. "내가 너를 왜 모르냐? 네 속까지 다 꿰뚫고 있다. 엄마를 속일 생각 하지 마!" 이런 식으로 반응했는데, 참 제가 어리석었어요.

칭찬 샘   아이를 깊이 알수록 아이를 이해하기 때문에 엄마는 너그러워져요. 서로 신뢰도도 높아지지요. 여기까지 오면 사실 다 된 거예요. 물론 단시간에 이루어지는 일은 아니지요. 언어 습관을 바꾸는 일이라서 그래요. 하지만 정말 잘하고 계신 거예요. '이렇게 말하면 안 되는데'라고 인식하고 있잖아요? 그것만으로도 어마어마한 변화예요.

부모와 아이의 소통이 이루어지면
마침내 아이는 공부를 잘하게 된다

부모와 아이의 소통이 잘 이루어지려면 부모가 칭찬하는 습관부터 가져야 합니다. 초등학교 저학년까지는 칭찬과 훈육이 함께 필요해요. 하지만 아이가 고학년이 되면 잘한 일은 놓치지 않고 바로 잘했다고 인정해 주고 못한 일은 한두 번 이야기하는 것으로 족해야 해요. 굳이 여러 번 반복해서 말하지 않아도 괜찮아요. 잘한 일을 많이 칭찬해 줘서 못한 일이 줄어들도록 도와주면 돼요. 왜냐하면 그동안 부모에게 계속 들어서 아이도 자신의 부족한 점을 잘 알아요. 알지만 능력이 안 되니까 하지 못하는 것이에요. 일부러 못하는 것이 아니죠.

민수 엄마　예전에는 아이가 저를 화나게 해 놓고도 자기 방을 정리해 달라고 하면 너무 어이없어서 "네가 알아서 해!"라고 톡 쏘았어요. 그런데 지금은 제가 감정이 상했어도 아이가 계속 기분이 안 좋으면 내일 학교 가서 공부하는 데 지장이 있겠다는 생각이 들어서 제 감정을 추스르고 아이가 원하는 것을 해 줘요. "미우나 고우나 우리 아들이니까 기분 좋게 자라고 엄마가 정리했다"라고 하면서요. 그러면 아이도 피식 웃으면서 고마워해요. 이런 부분이 옛날보다 좋아진 것 같아요.

칭찬 샘　　맞아요. 바로 그거예요. 어머님이 감정을 잘 추스르셨네요. 잘하셨어요. 아이 요구대로 방을 치워 주신 것도 잘하셨고, 아이를 아끼고 사랑한다고 표현한 것도 잘하셨어요. 예전에는 기껏 다 해 주면서도 뒤끝 있게 말씀하셔서 민수가 엄마의 사랑을 못 느꼈거든요.

공부를 '제대로' 했다는 기준이
아이와 부모가 서로 다르다

아이는 공부를 했다고 하는데, 부모는 공부를 안 했다고 해요. 기준이 달라서 그래요. 우선 아이가 생각하는 공부의 기준을 인정해 주고 잘했다고 칭찬해 주어야 부모가 원하는 수준까지 공부할 수 있게 돼요. 아이가 마음을 먹고 공부하지만 부모가 기대하는 만큼 성과가 바로 나오지 않을 수 있어요. 아이의 공부 능력을 알고 있어야 비록 기대한 만큼 성적이 나오지 않았어도 아이의 능력만큼 성적이 나왔을 때 칭찬할 수 있어요. 그렇지 않고 아이의 공부 능력을 부모가 모르고 있으면, 아이는 1년 내내 "제대로 좀 해라"는 지적만 받고 칭찬은 받지 못합니다.

민경 엄마　　아이가 말도 안 되는 점수를 받아 오고 잘했다고 우기는

엄마의 말투가 아이를 바꾼다

통에 정말 속이 터져요. 국어 점수를 60점 받아 왔는데, 어떻게 아이를 칭찬할 수 있겠어요?

칭찬 샘   아이가 그렇게 말하는 것은 "나 공부했다고요. 그래도 60점 맞은 것은 인정해 달라고요"라는 뜻인데, 이 마음의 말을 보통 엄마들이 못 알아들어요. 핑계만 댄다고 생각해요. 다시 생각해 보면, 아이는 나름대로 공부를 해서 60점이 나온 거예요. 만약 엄마가 "우리 딸, 시험공부 하느라 고생했는데 성적이 안 나와서 힘들었겠네. 고생했어" 하고 아이의 노력과 점수를 진심으로 인정해 주면, 아이는 속마음을 표현해요. "내가 좀 더 열심히 했어야 했는데 후회돼요"라고 말하게 돼요. 60점밖에 못 맞아서 부모님에게 미안해해요. 부모에게 먼저 인정받으면 아이도 자신의 잘못을 인정하게 됩니다.

민경 엄마   그런 쪽으로는 생각하지 못했어요. 자기가 공부는 안 해 놓고 빠득빠득 대든다고 오히려 더 화를 냈어요.

칭찬 샘   60점을 맞은 것은 현재 아이 수준이 그만큼이라는 뜻이에요. 비록 부모 기준에는 못 미치더라도 "우리 딸 고생했네. 힘들었지?" 하고 인정해 주면 아이는 60점 수준을 유지하거나 더 열심히 해서 다음 시험에 65~70점 이상을 받을 수 있어요. 하지만 60점을 인정하지 않으면 50점으로 떨어지거나 60점 수준에서 못 벗어날 가능성이 커요.

 **아이를 바꾸는 엄마의 말투**

- 부모는 공부를 챙겨 주기 위해서 아이가 하는 말을 집중해서 들어야 합니다. 그리고 아이의 요구를 알았다면 흔쾌히 들어주세요.
- 아이가 말을 많이 할수록 부모는 그 안에서 아이가 잘하고 있는 것을 발견할 가능성이 커지고, 그러면 칭찬하기도 쉬워지죠. 따뜻한 말로 아이를 기분 좋게 하면 아이는 말이 많아집니다.
- 공부를 주제로 아이와 자연스럽게 대화할 수 있는 단계까지 오면, 공부하도록 돕기가 훨씬 쉬워집니다. 그러려면 부모가 칭찬하는 습관부터 가져야 합니다.
- 우선 아이가 생각하는 공부의 기준을 인정해 주고 잘했다고 칭찬해 주어야 부모가 원하는 수준까지 공부할 수 있게 됩니다.

:

엄마의 말투가 바뀌면
아이는 기꺼이 공부한다

따뜻한 말은 따뜻한 밥이라는 사실을 기억하라
그래야 성적이 떨어져도 칭찬을 챙겨 줄 수 있다

칭찬하는 말은 저절로 나오지 않습니다. 요리를 자주 해 봐야 실력이 늘듯이 칭찬도 배우고 연습해야 맛있게 말할 수 있어요. 칭찬으로 공부시키려면 칭찬을 하는 기준이 바뀌어야 해요. 칭찬을 밥이라고 인식하면, 아이가 공부를 못하니 마음이 배고프겠다 싶어서 더 적극적으로 칭찬하게 돼요. 공부를 안 하는 것은 일 안 하고 백수처럼 놀고먹는 것과 같다고 인식해야 아이에게 아침밥을 챙겨 먹여서 학교에 보내듯이 어떻게든 칭찬을 챙겨서 공부시킬 수 있어요.

이처럼 공부와 칭찬에 대한 인식의 전환이 없이 무작정 칭찬하려고 노력하면 부모가 기대하는 성과가 바로 나오지 않을 경우 지쳐서 곧 잔소리하는 말투로 돌아와요. 아이 마음이 허기지지 않게 칭찬이라는 밥을 꼭 먹여 주겠다는 간절함이 있어야 성적이 오르지 않아도 끝까지 칭찬으로 공부시킬 수 있어요.

부모에게는 본능적으로 아이를 위해서라면 무엇이든 할 수 있는 사랑이 있어요. 그래서 칭찬에 대한 기준이 바뀌기만 하면 공부하지 않으려 버티는 아이를 위해 얼마든지 칭찬으로 공부시킬 수 있게 됩니다. 매일같이 아이와 다퉈서 속이 상하면서도 여전히 밥해서 챙겨 주고 있잖아요. 다만, 언어 습관을 바꾸는 과정이라 오래 걸릴 뿐입니다.

실제로 칭찬으로 공부시켜도 괜찮다는 생각을 진심으로 하기까지 오래 걸려요. 왜냐하면 거의 모든 부모는 지금도 저렇게 버릇이 없는데, 지금도 저렇게 공부를 안 하는데 칭찬해 주면 더 버릇없어지고 더 공부 안 한다고 생각하거든요. 이런 사고방식 때문에 칭찬을 안 하고, 칭찬을 안 하니 그 효능을 경험하지 못하고, 결국 칭찬으로 공부시킬 수 있는 기회를 놓치고 맙니다. 칭찬으로 얼마든지 공부시킬 수 있으니 겁내지 마세요. 그리고 칭찬도 습관이 되면 쉬워져요.

당연한 일을 당연히 했을 때마다
무조건 잘했다고 칭찬하라

당연한 일을 당연히 했을 때 "고맙다, 수고했다, 고생했다"라고 말해 주세요. 잘 생각해 보면, 당연한 일을 당연히 하는 것은 어려운 일입니다. 부모로서 아이를 사랑으로 키우는 일은 당연한 일이지만 가장 어려운 일이기도 하지요. 부모로서 삼시 세끼 챙겨 주는 일은 당연한 일이지만 역시 어려운 일이지요. 부모로서 돈 버는 일도 당연한 일이지만 정말 어렵고 힘든 일이지요.

마찬가지로 아이가 학생으로서 공부하는 일은 지극히 당연하지만 엄청 어려운 일이기도 합니다. 실제로 공부하기 싫어하는 아이가 얼마나 많아요? 학교 가는 일이 당연하지만 학교 가기 싫어하는 아이가 얼마나 많아요? 우리 아이가 학교를 성실하게 다니고 성적이 안 좋아도 공부하려고 노력하면 그 자체로 충분히 칭찬받아 마땅합니다.

부부가 다투는 것은 당연한 일을 당연히 했을 때 칭찬이나 인정을 받지 못하기 때문입니다. 아내는 남편이 하는 일을 당연하다고 여기고 무심히 넘어가고, 남편은 아내가 하는 일을 당연하다고 여기고 무심히 넘어가다 보면, 서로 인정받지 못한 서운한 감정이 쌓입니다. 더 이상 열심히 하고 싶은 마음이 생기지 않습니다. 이렇게 생각하면, 당연한 일을 당연히 해 주는 아이가 진심으로 고맙지요.

당연한 일을 당연하게 못했을 때는
"괜찮다"고 격려하라

성적이 안 좋게 나오면 아이는 당황하고 어쩔 줄 몰라요. 앞으로 어떻게 공부를 해야 할지 막막하거든요. 이때 "열심히 해 보려고 노력한 것을 엄마가 다 알아. 그러니 괜찮아"라고 말해 주세요. "너는 충분히 능력이 있으니 앞으로 얼마든지 잘할 수 있어"라고 격려해 주세요. "성적이 잘 안 나와서 마음이 얼마나 힘들겠니?"라고 위로해 주세요.

아이의 기운이 가라앉아 있을 때, 부모의 격려와 위로는 아주 큰 힘이 됩니다. 용기를 주고 낙심하지 않고 기운을 차리게 합니다. 다시 공부할 마음을 일으키지요. 이런 원리를 인지하지 못하면 "당연한 일을 당연히 하는 게 무슨 칭찬할 일이야? 당연한 일을 못했는데 왜 괜찮다고 말해야 해?"라고 반응합니다. 칭찬에 대한 기준이 바뀌지 않은 채 칭찬하려고 노력만 하면 나중에는 스스로 위선 같은 느낌이 들어서 지속적으로 칭찬하기 어렵습니다.

아직 좋은 결과가 나오지 않았다 해도
과정을 칭찬하라

공부를 안 한다는 것은 노는 일이 습관이 되어 있다는 뜻이에요.

엄마의 말투가 아이를 바꾼다

그러므로 단번에 공부하는 자세로 바뀌지 못해요. 노는 습관이 공부하는 습관으로 바뀌는 것도 칭찬을 받아야 가능해요. 어제보다 오늘 조금이라도 태도나 자세, 말투, 계획 등에 긍정적인 변화가 나타나면 무조건 칭찬해 주세요. 아이가 현재 이 점수를 맞기까지 얼마나 고생하면서 공부했는지 부모가 그 과정을 인정하면 실제 점수와 관계없이 칭찬할 수 있어요.

공부는 학생이 하는 일이니 그 과정도 얼마든지 칭찬받아 마땅하지요. 어른도 열심히 일해도 수고한 만큼 돈을 못 버는 경우가 많잖아요? 그렇다고 일을 그만둘 수 없어요. 마찬가지로 아이도 열심히 공부해도 성적이 안 나올 수 있어요. 그렇다고 공부를 그만둘 수 없거든요. 칭찬과 격려를 받아야 내일 다시 공부할 수 있어요.

칭찬할 때는 부모의 요구나 교훈, 훈계를 섞지 말고 100% 칭찬만 하라

부모가 생각하는 칭찬과 아이가 생각하는 칭찬이 다를 수 있습니다. 가급적 아이가 듣고 싶은 말로 칭찬해 주세요. 부모가 하고 싶은 말로 하는 칭찬은 아이가 듣기에는 잔소리일 가능성이 높아요. 아이가 공부를 못하는데 잘한다고 말하는 것은 칭찬이 아니에요. 아이가 이 점수를 맞기까지 공부하느라 고생한 일을 부모가 인정하는 마음이 있어야 비로소 진심이 담긴 칭찬을 할 수 있습니다. 아이의 공부 실력을 모르면 진심으로 칭찬하기 어렵습니다. 성적이 마음에 안 들기 때문에 억지로 칭찬하게 되거든요. 부모가 칭찬했는데도 아이가 화를 내면 부모는 "내가 칭찬해 줘도 저 모양이야"라고 도리어 더 화를 내는 경우가 있은데, 아이에게는 부모의 말이 칭찬보다는 앞으로 더 잘하라는 요구로 들리기 때문입니다.

성적이 좋은 과목은 잘했다고 적극적으로 칭찬하고, 성적이 나쁜 과목은 말하지 않아도 된다

아이는 자기가 잘한 과목을 칭찬해 주면 자신감이 생겨서 다른 과목까지 공부하고 싶어져요. 잘한 일은 잘했다고 칭찬하고 못한 일은 말하지 마세요. 아이가 제대로 하게 하려고 잘못한 일을 지적하고 잔소리(차가운 말)를 할수록 고치기 더 어려워지기 때문입니다. 모든 과목을 다 잘해야 한다는 것은 아이도 알아요. 하지만 아직은 실력이 부족해서 모든 과목을 잘해 낼 힘(에너지)이 없을 뿐이에요. 잘한 과목에 대해 충분히 칭찬을 받으면 못한 과목도 잘하고 싶은 마음이 생겨요. 잘한 과목을 지속적으로 칭찬하면서 기다려 줘도 결코 늦지 않아요.

더 나아가서 성적이 떨어질수록, 공부를 못할수록 아이에게는 더 칭찬이 필요해요. 칭찬은 공부하는 데 필요한 밥(에너지)이기 때문입니다. 공부를 못할수록 공부하려면 에너지가 많이 필요해요. 공부하는 방법을 설명해 주려고 애쓰기보다 괜찮다고 격려하고 위로해 주세요. "이번 시험에도 잘했어. 괜찮아. 열심히 하고 있으니 다음 시험은 잘 볼 거야"라고 응원해 주세요. 공부를 못해도 마음의 밥(칭찬)을 챙겨 주세요. 우리 아이, 공부 못해도 밥 먹을 자격은 있어요.

아이가 요구하면 조건을 달지 말고
흔쾌히 들어줘라

부모가 아이의 요구를 흔쾌히 들어주어야 아이도 공부하라는 부모의 말을 흔쾌히 들어줍니다. 아이의 요구를 흔쾌히 들어주기 어려운 경우는 안 된다고 딱 잘라 말하지 말고 먼저 아이가 요구하는 이유를 물어보세요. 그리고 아이가 이유를 말할 때 집중해서 들어 주세요. 10대 아이와 대화할 때 집중하지 않으면 아이의 의중을 이해하지 못할 수도 있어요.

아이 말의 의도를 알기 위해 집중해서 들어야 해요. 아이의 의도를 이해하고 나서 들어주기 곤란하다 싶으면 "네가 원하는 것이 무엇인지 엄마가 알겠는데, 지금은 이러저러한 사정으로 어려울 것 같아. 다음에 다시 의논하면 안 될까?" 하고 아이의 요구를 존중하는 자세로 거절해야 합니다. "말도 안 되는 소리를 하고 있어! 놀고 싶어서 별 핑계를 다 대고 있네!" 하는 식으로 거절하면 아이도 공부하라는 부모의 요구를 말도 안 되는 이유로 거절해 버립니다.

하루 세끼 밥을 챙겨 주듯이
최소한 하루 세 번 칭찬을 챙겨라

칭찬은 해도 되고 안 해도 되는 것처럼 선택할 수 있는 말이 아닙니다. 칭찬은 마음의 밥이라서 칭찬을 안 하는 것은 아이의 마음을 굶기는 것과 같아요. 하루 이틀은 배고파도 참고 공부할 수 있지만, 1년, 2년, 10년, 15년을 계속 배곯아 가면서 공부하기는 어렵습니다. 아이가 공부를 못하는 것은 머리가 나빠서가 아니라 마음이 배고파서입니다. 아이에게 밥을 안 주고 굶기는 부모는 없지요? 칭찬을 챙겨 주지 않으면 마음이 배고파서 집중해서 공부하기 어렵습니다.

잘한 일을 잘했다고 칭찬할 때는
구체적으로 말하라

칭찬하는 방법과 잔소리하는 방법은 동일합니다. 잔소리할 때

바로바로 지적해서 말하듯이, 칭찬 포인트도 놓치지 말고 바로바로 칭찬해 주세요. 잔소리를 애매모호하게 추상적으로 하는 엄마는 없지요. 무엇이 잘못되었는지 명확하게 아니까 구체적으로 조목조목 지적해 줍니다. 마찬가지로 칭찬도 잘한 일을 명확하게 구체적으로 말해 주면 돼요.

부모가 잔소리를 구체적으로 조목조목 잘 말할 수 있는 것은 아이의 부족한 부분을 잘 알고 있기 때문입니다. 반대로 칭찬을 구체적으로 조목조목 말하지 못하는 것은 아이가 잘하고 있는 일을 보고도 바로바로 말해 주지 않거나 아예 잘하고 있는 일을 모르기 때문입니다. 칭찬할 목적으로 아이에게 집중해야 칭찬할 일이 보입니다.

거듭 말씀드리지만, 못한 일을 잘했다고 감싸 주는 것은 결코 칭찬이 아닙니다. 추상적이고 막연하게 좋은 말, 무조건적인 긍정적인 말, 과장된 좋은 말, 영혼 없는 말은 아이가 듣고 싶어 하는 칭찬이 아닙니다.

말도 안 되는 아이의 논리라도
무시하기보다는 먼저 존중하라

공부하기 싫어하는 아이들은 공부를 안 해도 되는 자기만의 논리를 가지고 있어요. 부모가 보기에는 말도 안 되는 비상식적인 논리라서 아이와 이 문제로 논쟁하는 경우가 많습니다. 하지만 논쟁해도 소용없습니다. 부모는 쉽게 아이의 생각을 바꿀 수 있다고 여기지요. 아이가 뭘 몰라서 어리석은 궤변을 늘어놓는다고 생각하고 정해져 있는 답 같은 말이나 상식적인 말로 아이의 논리를 바꾸려 해요. 하지만 차가운 말, 소위 잔소리로는 아이 생각을 바꿀 수 없어요. 부모가 생각하는 옳은 말, 상식적인 논리로 설득될 일이었으면, 우리 아이들 모두 벌써 공부했을 거예요.

공부하기 싫어하는 아이를 공부시키려면 먼저 생각을 바꾸어야 하는데, 칭찬해 주지 않으면 생각을 바꾸지 않아요. 말도 안 되는 아이 논리를 무시하기보다는 "네 생각도 일리가 있네. 그럴 수도 있겠다"라고 존중해 주는 것이 먼저예요. 아이의 논리를 존중하는 자세로 집중해서 들어보면 공부에 대한 아이의 사고방식을 알 수 있고 부모가 칭찬으로 어떻게 도와주어야 할지도 알게 돼요.

사람은 자기를 보호하는 능력이 탁월해요. 공부를 안 해도 괜찮다는 자기 나름의 확고한 논리를 가지고 있어야 마음 편히 놀 수 있거든요. 부모에게 엉뚱하고 말 같지도 않은 논리를 들이대는 것도 이런 이유이지요. 물론 본인도 자신의 주장이 말도 안 된다는 것을 알지요. 하지만 겉으로는 절대로 인정하지 않아요. 왜냐하면 부모 논리에 동의하는 순간 공부해야 하니까요. 공부 안 하는 아이들이 고집이 센 이유도 부모 말을 들으면 공부해야 하기 때문이거든요.

우리 아이의 말도 일리가 있다고 먼저 인정해 주면, 아이는 기분이 좋지요. 기분을 좋게 해 주고 나서 "우리 아들(딸) 공부하자"라고 말하면 말을 들어요.

 아이를 바꾸는 엄마의 말투

- 따뜻한 말은 따뜻한 밥입니다. 매일 아이와 다투고 속이 상하면서도 밥을 챙겨 주듯이 성적이 떨어져도 칭찬을 챙겨 주세요.
- 아이가 학교를 성실하게 다니고 성적이 안 좋아도 공부하려고 노력하면 그 자체로 충분히 칭찬받아 마땅합니다.
- 존중은 따뜻한 에너지예요. 부모로부터 따뜻한 에너지를 받으면 아이는 공부에 대한 자신의 생각을 서서히 바꾸게 돼요.
- 부모가 생각하는 칭찬과 아이가 생각하는 칭찬이 다를 수 있습니다. 가급적 아이가 듣고 싶은 말로 칭찬해 주세요.
- 부모가 아이의 요구를 흔쾌히 들어주어야 아이도 공부하라는 부모의 말을 흔쾌히 들어 줍니다.

2장 요약

- 아이의 부족한 면만 보아 온 엄마는 칭찬할 일이 없고, 그 효과를 경험해 본 적이 없어서 여전히 칭찬할 줄 모른다.

- 많은 부모가 아이가 잘하고 있는 일은 마음속으로만 기특하게 여기고 말로 표현하지 않는 경향이 있다.

- 성적과 등수 등 결과를 중요하게 생각하기 때문에 그 어려운 공부를 하느라 고생하고 있는 아이의 모습을 보지 못한다.

- 부모가 아이 성적에 초조해지면 따뜻한 말이 안 나오고 다른 아이와 비교하면서 더 잘하라고 요구하는 말만 한다.

- 부모는 잔소리하면서 칭찬한다고 생각하는 경향이 있다.

- 공부 못하는 아이, 안 하겠다고 고집부리는 아이일수록 먼저 '기분이 좋아지게' 도와야 한다.

- 아이가 '공부하도록' 돕기 위해서는 성적이나 점수를 올리는 일보다 아이와 '사이좋음'에 더 큰 가치를 둬야 한다.

- 공부를 '제대로' 했다는 기준이 아이와 부모가 서로 다르다. 아이의 기준을 인정한 다음, 부모의 기준을 요구하라.

- 성적이 좋은 과목은 잘했다고 적극적으로 칭찬하고, 성적이 나쁜 과목은 말하지 않아도 된다.

- 아이가 요구하면 조건을 달지 말고 흔쾌히 들어준다. 그래야 아이도 부모의 요구를 들어준다.

3장

엄마가 기분 좋게 말하면
아이도 '기분 좋게' 듣는다

기분 좋게 숙제를 하게 만드는
엄마의 말투

수업 시간에 선생님 설명을 듣고 내용을 이해했어도 아직은 내 지식으로 전환되지는 않은 상태입니다. 숙제는 선생님 지식을 내 지식으로 만드는 도구입니다. 40~50분 정도의 짧은 수업 시간으로 그날 배운 내용을 온전히 자기 것으로 만들기는 어렵습니다. 그래서 선생님은 숙제로 학생의 실력을 향상시킵니다.

아직 10대인 아이가 자발적으로 복습하기 어려우니 선생님은 숙제를 통해 복습하는 습관을 들이도록 도와줍니다. 하지만 대부분의 아이들은 숙제를 정답지나 친구 노트를 베껴 적어 내는 정도로 생각합니다. 선생님이 숙제를 내는 이유는 아이를 괴롭히려고 심술을 부리는 것이 아닙니다. 그날 배운 내용 중에서 꼭 알아야 하는 것을 숙제로 냅니다. 그래야 다음 수업에서 새로운 내용을 배울 수 있기 때문입니다.

초등학생의 경우, 숙제를 대하는 부모의 자세가 공부를 대하는 아이의 자세에 영향을 미치기도 합니다. 숙제를 대충 해도 방관하거나 아예 '안 해도 괜찮다'는 메시지를 전하는 말은 아이에게 공부가 습관이 되지 못하게 막아 버리는 사고방식이 될 수 있습니다. 숙제를 제대로 해내는 능력이 모여서 학교를 졸업하고 직장생활을 할 때도 임무를 책임 있게 완성해 내는 능력을 만들어 줍니다.

숙제는 가정에서 부모와 아이가 공부 때문에 싸우는 큰 이유가 됩니다. 따라서 아이를 기분 좋게 숙제하게 만드는 노하우가 필요합니다. 아래의 칭찬 실천 가이드를 잘 숙지해서 아이가 기분 좋게 숙제하도록 도와주세요.

아이가 집에 오면 마음 편하게 식사하도록 도와준다

학교에서 공부했는데 집에 와서 또 공부(숙제)하려면 밥 먹는 시간이 즐거워야 합니다. 밥을 먹으면서 아이가 학교에서 있었던 일을 신나게 이야기하면 집중해서 들어 줍니다. 아이의 이야기는 방금 전에 학교에서 있었던 일이라 생생하고 재미있기도 하지만, 이때 집중해서 듣지 않으면 아이와 대화할 기회를 놓치고 맙니다. 아

엄마의 말투가 아이를 바꾼다 ___

이도 시간이 지나면 생생한 기억이 사라지니까요. 주의할 점은 아이의 말이 길어지더라도 겁내지 말아야 한다는 것입니다. '빨리 밥먹고 숙제해야 하는데…'라는 목적을 갖고 아이의 말을 들으면 집중하지 못하고 중간에 아이 말을 끊어 버리게 됩니다. "알았으니까 어서 들어가서 숙제해라!" 이러면 아이가 '기분 좋게' 숙제하기 어려워집니다.

"빨리 먹고 숙제해라" 같은 말은 어떤 경우에도 해서는 안 됩니다. 대화하느라 밥을 1시간 넘게 먹는다 해도 괜찮습니다. 밥 먹는 시간이 길다는 것은 그만큼 부모와 화기애애한 시간을 보내고 있다는 뜻이니 기쁜 일이지요. 숙제보다 아이의 기분이 좋은 것이 더 중요합니다. 식사 시간은 아이에게 행복한 시간인데 그 행복을 빼앗으면 식사 후 이어지는 공부(숙제)를 기분 좋게 시작할 수 없습니다.

중고등학생의 경우, 밥을 먹으면서 스마트폰으로 동영상을 보는 경우도 많습니다. 괜찮습니다. 학교에서 공부하느라 받은 스트레스를 동영상을 보면서 날려 버리는 중입니다. 아이가 마음 편하게 밥을 먹을 수 있으면, 그것으로 괜찮습니다.

아이 요구를 흔쾌히 들어주면 기꺼이 숙제한다

기분 좋게 밥을 먹고 난 아이는 엄마가 "아들(딸), 숙제해야지"라고 말하면 숙제하러 들어갑니다. 좀 더 놀고 싶은데도 엄마 말을 듣고 숙제하러 들어가면 엄마 말을 들어주어서 고맙다고 적극적으로 칭찬해 주세요. "우리 딸(아들), 피곤할 텐데도 짜증 안 내고 엄마 말 들어주니 기특하다. 예쁘다." 아이가 부모 말을 잘 들어주는 일은 고마운 일이거든요.

그런데 "엄마 나 조금만 놀다가 숙제하면 안 돼?" 또는 "엄마 이 영상 다 보고 숙제하면 안 돼?"라고 아이가 좀 더 놀겠다고 요구하면 "그래? 그럼 영상 다 보고 숙제해라"라고 흔쾌히 들어준 다음 "그러면 언제 할 건데?" 하고 아이 계획을 물어봅니다. "30분 후에" 또는 "1시간 후에"라고 말하면 "오냐, 그렇게 해"라고 다시 흔쾌히 들어주세요. 물론 엄마는 아이가 말한 시간을 기억하고 있어야 합니다. 아이는 공부할 때는 시계를 자주 보지만 노는 동안은 절대로 안 보거든요. "아들(딸), 시간 됐다"라고 알려 주면 "어? 그래? 알았어" 하고 아이도 흔쾌히 숙제하러 들어갑니다.

놀고 나서 숙제하겠다는 아이 요구를 겁내지 마세요. 흔쾌히 들어주어야 아이도 기분 좋게 숙제할 수 있습니다. 놀고 나서 숙제하겠다는 아이를 못마땅하게 여기고 짜증 섞인 표정과 말투로 "안 돼! 숙제하고 놀아!"라고 아이 요구를 거절하면 아이가 그날 숙제를 자기 공부처럼 하기는 어려워집니다. 형식적인 숙제가 될 가능성이 높아지지요. 부모는 아이가 놀고 나서 공부하겠다고 약속한 시간만

엄마의 말투가 아이를 바꾼다

기억하고 있으면 됩니다. 부모가 기억하고 있지 않다가 시간이 훌쩍 지나면 아이에게 화를 내게 됩니다. 이것은 아이의 잘못이 아닙니다. 부모가 시간을 지키도록 도와주지 않은 탓입니다.

숙제하느라 고생한 아이의 노고를 인정하라

아이가 숙제를 마치고 나오면 기특하게 여기면서 "숙제 다 했구나. 수고했어. 어서 쉬어라"라고 칭찬해 줍니다. 이때 아이의 고생을 인정해 주는 말을 꼭 하세요. 숙제를 다 했으니 이제 취침 전까지 마음 편히 놀게 해 줍니다. (취침 시간은 초등학생의 경우 부모가 정해서 지키게 하고 중고생은 아이와 의논해서 정하고 지키게 합니다.) 숙제하고 났을 때 부모가 마음 편히 놀 수 있게 해 주면 아이는 숙제하는 일을 억울하게 생각하지 않습니다. 그리고 숙제를 하면 다음 날 학교에서 선생님 말씀이 귀에 쏙쏙 들어오는 것을 알게 되기 때문에 점점 적극적으로 숙제를 하게 됩니다.

주의할 점은 "제대로 한 거 맞아? 정말 다 했어?"처럼 의심하는 말투를 절대 사용해서는 안 된다는 것입니다. 힘들게 숙제했는데 칭찬이나 인정을 받지 못하면 억울한 마음이 들고 반항심이 생겨서 다음에 제대로 하지 않으려 합니다.

언제까지 이렇게 도우면 될까요? 고등학교를 졸업할 때까지입니다. 1~2개월 돕고는 "이제는 네가 스스로 알아서 해라!" 하면 아이는 공부하지 않습니다. 사실 매일 기분 좋게 숙제하도록 돕다 보면 숙제를 돕는 일이 처음보다는 어렵지 않게 됩니다. 아이도 부모도 행복하니까요. 다툴 일이 없어지고 칭찬할 일만 보이게 되거든요.

TIP ───── 아이를 바꾸는 엄마의 말투

· 숙제는 자기 공부가 습관이 되도록 도와주는 공부입니다.
· 학교에서 공부했는데 집에 와서 또 공부(숙제)하려면 밥 먹는 시간이 즐거워야 합니다.
· 놀고 나서 숙제하겠다는 아이 요구를 겁내지 마세요. 흔쾌히 들어주어야 아이도 기분 좋게 숙제할 수 있습니다.

:

기분 좋게 시험공부를 하게 만드는
엄마의 말투

시험이 없으면 학교는 천국일까요? 시험은 그동안 배운 지식을 단기간에 집중해서 습득할 수 있는 좋은 계기를 만들어 줍니다. 시험 기간에는 집중력이 극대화되기 때문에 평소 미루어 두었던 공부도 가능하게 됩니다.

학생의 시험은 운동선수의 시합에 비유할 수 있습니다. 운동선수에게 시합이 없는 훈련이 즐거울까요? 시합이 없으면 오히려 불행할 것입니다. 시합 날짜가 잡히면 한편으로는 부담스럽지만 한편으로는 기분 좋지요. 시합은 그동안 고생하면서 훈련한 기량을 마음껏 펼칠 기회니까요. 그리고 자신의 기량을 객관적으로 알 수 있고 인정받을 수 있는 기회이기도 합니다. "연습 100번 하는 것보다

시합 한 번 나가는 것이 더 도움이 된다"라는 말처럼 실전은 선수의 기량을 높이는 데 효과가 크지요.

학생에게도 시험은 그런 힘을 발휘합니다. 학생에게 시험은 첫째, 밀린 공부(복습)를 할 수 있는 기회, 둘째, 대충 적당히 알고 있는 지식을 정확하고 꼼꼼하게 다질 수 있는 기회, 셋째, 공부의 일관성을 유지시키는 기회입니다. 다음 주의사항을 잘 기억했다가 시험공부를 하는 아이를 칭찬해 주세요.

아이가 시험공부 다 했다고 말하면 그대로 인정해 준다

아이가 시험공부를 다 했다고 말하면 부모는 공부하느라 고생했다고 무조건 인정해 주세요. 아이가 공부를 '다 했다'는 기준과 부모가 생각하는 '다 했다'는 기준이 다릅니다. 평소보다 시험 기간에 아이와 더 심하게 다투는 이유는 공부에 대한 기준이 서로 달라서입니다. 부모는 아이의 기준을 인정하지 않고 자신의 기준에 맞추기를 강요하기 때문에 다투게 됩니다.

"벌써 다했어? 방금 들어갔는데 벌써 나오니? 시험 기간인데 겨우 1시간 공부하고 다했다고?" 같은 부정적인 말은 공부를 열심히 하라는 의도로 하는 것이겠지만, 아이는 기분이 나빠지니 부모가 원하는 효과는 나오지 않습니다. 부모가 화를 내듯이 짜증스럽게 말하면, 아이는 부모 눈치를 보면서 대충 억지로 공부하게 되기 때문입니다. 아이의 기준을 먼저 인정해 주면, 아이는 점차 부모 기준까지도 해낼 수 있게 됩니다.

아이가 "시험공부를 다 했다, 제대로 했다, 꼼꼼히 했다"라고 말하는 것은 자신의 기준에서 말하는 것입니다. 아이 입장에서는 맞는 말입니다. 거짓말을 하거나 공부하기 싫어서 둘러대는 말이 아닙니다. 아이의 성적이 70점이라면 아이는 현재 70점 정도의 공부 능력을 가지고 있다는 의미입니다. 그렇기 때문에 70점만큼 공부하면 다했다고 생각합니다. 70점 이상 공부를 해 본 적이 없기 때문에 80~90점이 나와야 '제대로 했다'고 말할 수 있는 수준의 공부를 모릅니다.

70점 수준의 아이에게 80~90점 수준의 공부를 요구하면, 아이는 "이렇게 열심히 공부해도 70점인데, 80점을 맞으려면 얼마나 고생해야 하지? 내가 어떻게 90점을 맞을 수 있어? 나는 안 돼"라고 지레 포기하고 심지어 70점 수준의 공부마저 흥미를 잃게 됩니다. 그러나 70점 수준의 공부를 해냈을 때 잘했다고 인정해 주면 다음에는 80~90점 수준의 공부도 하고 싶어집니다.

시험 기간에는 아이가 상전이다

시험 기간에는 특별히 아이를 상전처럼 떠받들어 주세요. 아이 시중을 다 들어주면서 공부에만 집중하게 해 주세요. 시험 기간이 되면 아이는 부모가 딱히 뭐라 하지 않아도 쉽게 짜증내고 화를 내게 됩니다. 평소보다 스트레스를 더 많이 받기 때문이지요. 아이가 성질이 나빠서가 아니라 공부할 것은 많은데 시간은 촉박하다 보니 스트레스를 받는 것입니다.

부모가 아이의 시험공부 스트레스를 이해하지 못하면 아이의 짜증을 부모도 짜증으로 받습니다. 결과적으로 부모와 아이가 다투느라 시험공부에 투자해야 할 황금 같은 시간을 망쳐 버리고 맙니다. 안타깝게도 많은 가정에서 하필 시험 기간에 버릇을 고치겠다고 "오냐 오냐 해 주었더니 점점 더 버릇이 없어진다"라며 화를 내고 야단을 치기도 합니다. 버릇 고치는 일보다 시험 잘 보도록 도와주는 일이 우선입니다. 실제로 시험 기간이 지나면 스트레스가 사라지니 아이도 좋아집니다.

아이가 시험 기간에는 예민하고 날카로워진다는 것을 부모가 미리 예상하고 있어야 아이 기분이 상하지 않도록 도울 수 있습니다. 그래야 부모가 아이의 감정에 휘말리지 않고 칭찬, 격려, 인정하는 말을 놓치지 않고 할 수 있습니다. '시험 기간이라 아이가 힘들겠구나. 집에서라도 기분 좋게 공부하도록 도와주어야겠다'라고 부모가 계속 생각하고 있어야 칭찬으로 시험공부를 도와줄 수 있습니다.

아침에 아이가 짜증나지 않게 깨우는 것도 시험공부를 돕는 일

엄마의 말투가 아이를 바꾼다

입니다. 하루를 기분 좋게 시작해야 학교에 가서 시험 볼 때 집중할 수 있기 때문입니다. 늦게까지 공부하느라 지친 아이를 안쓰러워하는 마음으로 부드럽게 깨우면 아이가 일어나기 싫어서 두세 번 뒤척이다가도 기분 좋게 일어납니다. 행여 안 일어나서 또다시 깨워야 하더라도 아이의 시험공부를 돕는다는 마음으로 끝까지 부드러운 말로 깨워 주세요.

교과서, 문제집, 필기도구 등 준비물도 빠트리지 않게 잘 살펴서 챙겨 줍니다. 그냥 말로만 챙기는 것이 아니라 "우리 딸(아들), 뭐 빠진 것 없어? 엄마가 도와줄 것 없어?"라고 적극적으로 도와주세요. 도와주지는 않고 "아침마다 그렇게 말해도 또 놓고 간다"라고 잔소리만 하는 것은 아이에게 아무 도움이 되지 않습니다. 초등학생이든, 심지어 고등학생이라도 잘 빠트리는 아이라면 부모가 적극적으로 챙겨 주면 됩니다. 아이 버릇 나빠진다고 걱정하지 않아도 됩니다. 그보다는 준비물을 빠트리는 만큼 수업 시간에 집중하지 못하는 것이 더 큰 손해입니다. 아이가 챙기지 못하면 부모가 좋은 마음으로 챙겨 주면 그만입니다.

틀린 문제는 무시하고 맞춘 문제에 집중하라

다양한 문제를 풀기 귀찮아하는 아이가 문제 10개 중에서 5~6개만 맞혀도 부모는 틀린 문제보다 맞은 문제에 관심을 가지고 "잘했네. 어떻게 이렇게 어려운 문제를 풀었어?" 하고 반응합니다. 그러면 아이는 신이 나서 자기가 잘한 부분에 대해 떠들어댑니다. 문제 푸는 것을 재미있게 생각하도록 도와주면 됩니다. 엄마가 인정해 주면 아이는 더 잘하고 싶어 합니다. 6개 맞혀서 칭찬받았으니 7개, 8개 맞히고 싶어지지요.

어린 아이의 사고방식과 어른의 사고방식은 다릅니다. 부모가 아이에게 제대로 하라고 하면 아이가 제대로 할 것이라고 생각하지만, 실제로는 그렇지 않습니다. 아이는 제대로 해야 한다는 부담감 때문에 도리어 공부를 놓아 버리거나 대충 하고 말아 버립니다. 부모가 6개 맞힌 것을 인정해 주지 않고 틀린 4개에 집중할수록 아이는 10개를 다 맞혀야 한다는 부담감에 휩싸입니다. 몰라서 틀린 것이지 일부러 틀린 것이 아닌데, 6개를 맞힐 수 있는 아이에게 10개를 맞히라고 요구하면 '내가 어떻게 10개를 다 맞힐 수 있어?'라는 걱정이 앞서기 때문입니다.

평소 하는 공부와 시험공부가 다르다는 것을 아이가 모르는 경우도 있습니다. 교과서 위주로 선생님이 가르쳐 준 만큼만 공부하던 아이는 이미 다 아니까 시험공부를 따로 할 필요가 없다고 생각합니다. 하지만 시험은 일종의 기술이 필요해서 문제를 많이 풀어 보아야 합니다. 그런 아이를 위해 부모는 아이가 신나서 문제를 풀

엄마의 말투가 아이를 바꾼다

도록 도와야 합니다. 그런데 부모가 틀린 문제에 집중하면 아이가 풀이 죽어서 문제 풀고 싶은 마음이 나지 않습니다. 그 순간 그날 공부는 거기서 끝납니다.

아이가 먼저 시험 결과를 말할 때까지 기다린다

아이가 시험을 마치고 집으로 돌아오면 부모는 아이의 시험 점수가 너무나 궁금합니다. 하지만 아이가 먼저 말을 꺼낼 때까지 기다려야 합니다. 스스로 잘 봤다고 생각하면 부모가 묻기 전에 아이가 먼저 말하거든요. 이때 잘 봤다는 기준이 부모와 아이가 다르다는 점을 부모는 염두에 두고 있어야 합니다. 아이가 70점을 맞고 잘 봤다며 신나서 말하면 부모도 거기에 맞추어서 함께 기뻐해 줍니다.

신나서 말하는 아이에게 "그게 뭐 대단한 점수라고. 나 참 어이가 없어서"라고 빈정대면 대화는 끊깁니다. 그러면 부모는 더 이상 시험에 대한 자세한 이야기를 들을 수 없게 됩니다. 엄청 큰 손해이지요. 아이가 어떻게 시험을 봤는지 알아야 도움을 줄 수 있기 때문입니다. 오늘 시험 점수보다 더 중요한 것은 시험에 대한 아이의 생각을 아는 일입니다. 알면 도울 수 있습니다.

아이가 시험을 못 봤다고 풀이 죽어서 들어오면 "엄마도 마음이 안 좋은데, 우리 아들(딸)은 얼마나 힘들까. 괜찮아, 괜찮아" 하고 위로해 주세요. 그러면 아이는 마음이 풀리면서 기분이 회복됩니다. 마음 편히 내일 시험을 준비할 수 있지요. 하지만 많은 부모는 아이가 시험을 못 봤다는 말을 채 끝내기도 전에 화부터 냅니다. 아이 말을 듣는 순간 부모도 아이와 똑같은 스트레스를 받기 때문입니다. 시험을 망쳤다면 더욱 더 부모의 위로가 필요합니다. 그래야 내일 시험을 준비할 힘을 얻을 수 있기 때문입니다.

아이가 시험 점수를 말할 때 칭찬할 포인트를 놓치지 않으려면 두 가지를 미리 준비해 주세요. 첫째는 표정 관리이고, 둘째는 지난 시험 점수입니다. 지난 시험 점수를 기억하고 있지 않으면 부모는 본능적으로 객관적인 기준(100점)으로 평가하게 됩니다. 아이의 점수가 못마땅하게 되죠. 아이가 부모에게 성적표를 보여 주지 않으려고 하는 이유도 좋은 소리를 듣지 못할 것이라고 예상하기 때문입니다.

아이의 성적표를 보면서 아이의 예상을 뛰어 넘는 말을 생각해야 합니다. 칭찬할 거리를 찾아야 합니다. 성적표를 보면 먼저 성적이 좋은 과목을 찾아 잘했다고 칭찬하면서 아이처럼 좋아해야 합니다. 그러면 아이는 성적이 좋은 이유를 신나서 말합니다. 자기 성적을 신나게 말할 수 있어야 자신감이 생겨서 다음 성적이 더 좋아집니다. 성적이 떨어진 과목은 아이가 먼저 말하지 않는 이상 부모는 묻지 마세요. 정말 괜찮습니다. 아이가 성적이 떨어진 이유를 말할

엄마의 말투가 아이를 바꾼다 ___

때 부모는 위로해 주기만 하면 됩니다.

 **아이를 바꾸는 엄마의 말투**

· 아이가 시험공부를 다 했다고 말하면 부모는 공부하느라 고생했다고 무조건 인정합니다.

· 시험 기간에는 특별히 아이를 상전처럼 떠받들어 주세요.

· 아이가 준비물을 잘 챙기지 못하면 부모가 좋은 마음으로 챙겨 주면 그만입니다.

· 성적이 떨어진 과목은 아이가 먼저 말하지 않는 이상 부모는 묻지 않습니다. 정말 그래도 괜찮습니다.

기분 좋게 엄마 말을 듣게 만드는 엄마의 말투

가정에서 아이가 공부를 하느냐 마느냐는 가족의 소통에 달려 있다고 해도 과언이 아닙니다. 부모와 아이의 소통이 원활하면 아이는 공부해요. 아이와 소통하려면 10대의 청소년 문화를 이해하려는 자세가 필요합니다. 사실 아이 스스로가 10대이니 아이가 청소년 문화를 알려 주는 최고의 선생님이기도 합니다. 부모는 아이에게 청소년 문화를 배우겠다는 자세로 집중하고 경청하는 자세로 대화하면 소통은 자연스럽게 이뤄집니다. 집중해서 들으면 아이 말에서 칭찬할 거리를 넘치게 발견할 수 있습니다. 다음 사항을 유의해서 아이와 대화해 보세요.

아이의 언어는 어른과 달라서 집중하지 않으면 알아들을 수 없다

10대의 논조와 어른의 논조는 그 자체로 다릅니다. 그래서 건성으로 들으면 아이가 무슨 생각으로 이렇게 말하는지 알 수 없습니다. 부모는 아이를 어려서부터 봐 왔기 때문에 체감하기 힘들겠지만, 사실 아이와 부모 사이에는 건너 뛸 수 없을 만큼 큰 세대 차이가 존재합니다. 그래서 집중해서 듣지 않으면 정말 알아듣기가 어려워요. 정말 알고 싶다는 마음으로 집중해서 들어야 합니다. 게다가 부모가 딴 생각을 하면서 들으면 아이는 금방 알아차립니다. 그럼 거기서 대화가 끊기지요.

아이의 말을 집중해서 듣는 목적은 아이가 말하려고 하는 의도를 알기 위해서이지, 아이의 잘못된 생각이나 행동을 고쳐 주기 위해서가 아니에요. 그런데 많은 부모는 아이가 말하면 중간에 말을 끊고 잘못을 지적하려 해요. "그럴 때는 그렇게 말하면 안 되지. 이러한 식으로 말했어야지"라고 엄마가 말하면, 아이는 "알았어, 알았다고. 엄마랑 더 이상 말 안 해!"라고 싸늘하게 말하고 나가 버립니다. 자기가 말할 때마다 지적을 당해서 불쾌하기 때문입니다.

또한, 아이는 과정을 말하고 싶어 하는데 부모는 결론만 들으려 하는 경향이 있습니다. 부모는 아이의 말을 끝까지 들을 여유가 없습니다. 아이의 말을 중간에 자르고 "그래서 했다는 거야? 안 했다는 거야?"라고 결론부터 말하게 합니다. 이런 일이 반복되다 보면,

아이는 "엄마는 말이 안 통해. 말해 봤자 소용없어"라고 생각하고 꼭 필요한 말 몇 마디만 하고 입을 다물어 버립니다. 부모와 아이의 대화는 어느 날 갑자기 단절되는 것이 아닙니다. 이런 식으로 아이가 부모의 말을 일방적으로 듣기만 하다가 더 이상 견디지 못하고 폭발하는 순간부터 대화가 단절됩니다.

사실, 결과만 가지고 대화한다면 1분이면 끝날 거예요. 아이가 과정을 길게 늘어놓을 때 집중해서 들어 주면 아이도 부모가 지루하게 교훈적으로 말하더라도 들어 주려는 자세가 생겨요. 사실 아이도 부모 말이 재미없어서 집중해서 듣기가 어렵거든요.

아이가 하고 싶은 말을 마음껏 말하게 하고, 부모는 들어 준다

아이와의 대화 소재는 일상적인 것일수록 좋아요. 공부를 못하는 아이일수록 공부 이야기를 정말 싫어합니다. 주제 자체가 무거운 데다 공부에 대해서는 자신 있게 말할 것이 별로 없기 때문이지요.

원활한 소통이 이루어지려면 대화가 재미있어야 해요. 부모와 아이의 대화는 소통을 위한 것이지, 문제를 해결한다거나 깨달음을 줘야 한다는 식의 목적의식적 의식이 아니에요. 대화가 재미있어야 아이가 부모와 말하고 싶어지겠지요? 한 집에서 사는 부모와 아이가 매일 심각한 이야기만 나누어야 한다면 재미없어서 못 살 거예

엄마의 말투가 아이를 바꾼다

요. 그런데 많은 부모가 오로지 아이 공부에만 관심이 있다 보니 공부 말고는 대화에 흥미를 느끼지 못해요. 늘 공부 얘기만 하고 싶지요. 아이는 공부에 대해 말하기 싫어하고 부모는 공부에 대해서 말해 보라 하니 결국 다툼으로 끝날 수밖에 없어요. 아이가 민감하게 여기는 내용을 대화 소재로 삼으면 실패해요.

아이가 말하고 싶은 것을 마음껏 말하게 하고 부모는 재미있게 들어 주면서 부모가 하고 싶은 말을 틈틈이 나누는 것이 이상적이에요. 대화의 주도권을 아이에게 이양하세요. 연예인 이야기이든, 화장품 이야기이든, 스마트폰 이야기이든, 드라마나 게임 이야기이든 어떤 소재라도 괜찮아요. 대화가 길어질수록 좋은 일이지요. 아이랑 그만큼 친해졌다는 뜻이니까요.

하지만 부모는 아이가 길게 말하면 못 참아요. 공부할 시간이 줄어든다고 생각해서 "쓸데없는 소리 그만하고 어서 들어가 공부해라!"라고 말해 기분 좋게 시작한 대화를 뚝 잘라 버리는 경우가 대부분입니다. 평소 아이 말을 끝까지 들어 주지 않고 중간에 탁탁 끊어서 대화를 단절하게 해 놓고서 아이가 부모와 말하기 싫어한다고 불평하는 부모의 모순된 모습을 종종 봅니다.

그런 식으로 싸늘하게 대화를 마치고 방으로 들어오면 아이의 마음에는 불만이 남아 있기 때문에 바로 집중해서 공부하기 어렵지요. 오히려 하고 싶은 말을 다 하고 나면 기분 좋게 공부할 수 있어요. 부모와 소통이 이루어지면 아이는 마음이 시원하고 기분이 좋아져서 그날 해야 할 공부를 감당할 수 있어요. 하기 싫고 재미도 없고 힘들기만 한 공부지만 기꺼이 해요.

말투가 거칠면 아무리 좋은 말도 비난으로 들린다

아이가 부모의 말에 기분 나쁘게 반응하면, 부모는 스스로 기분 나쁘게 말하지는 않았는지 되돌아보는 것이 좋습니다. 그런데 부모의 말을 귀담아듣지 않고 버릇없이 행동한다며 아이 문제로 돌려버리면 대화가 단절됩니다. 부모가 아이 버릇을 고쳐 주어야 한다고 생각하고 아이에게 일방적으로 요구하는 말을 집요하게 하기 때문이죠. 부모와 아이의 말이 서로 통할 리가 없습니다. 대화는 쌍방이 말을 주고받는 행동이지요. 말이 눈에 보이는 것은 아니지만, 부모가 자신의 말을 보려고 노력하면 보입니다. 내 말을 듣는 아이의 표정으로 볼 수 있거든요.

공부 문제로 거의 매일 아이와 다투다 보면 지적하는 말이 습관이 됩니다. 또 자주 싸우다 보니 감정이 쌓여서 비꼬고 비아냥거리는 말 습관이 생깁니다. 자신도 모르게 마음과 다른 말을 하는 습관이 생기지요. 그래서 부모는 '좋은 마음으로' 말했다고 생각하고 아이도 부모의 마음을 알 것이라고 기대합니다. 하지만 그렇지 않아요. 부모가 말하면 아이는 그대로 받아들입니다. 그래서 부모가 말할 때마다 기분이 나빠서 짜증을 내고 화를 내고 소리를 지릅니다. 부모는 좋은 마음으로 말해 줬는데 아이가 버릇없이 대든다며 오해하지요.

아이가 버릇없다기보다는 부모가 기분 나쁘게 말한 것입니다. 대화는 일방통행이 아니고 쌍방통행이지요. 부모가 아이를 위하는 마음으로 말했다는 것을 아이가 느낄 수 있게 말해야 하지요. 지적하고 비아냥거리듯이 말해 놓고 아이가 부모 마음을 알아주기를 바라는 것은 모순이지요. 부모가 말투를 바꾸어야 할 일이지, 아이 문제가 아니거든요. 부모 말투가 바뀌면 아이도 바뀝니다.

 **아이를 바꾸는 엄마의 말투**

- 아이의 말을 집중해서 듣는 목적은 아이가 말하려고 하는 의도를 알기 위해서이지, 아이의 잘못을 고쳐 주기 위해서가 아닙니다.
- 아이는 과정을 말하고 싶어 하는데 부모는 결론만 들으려 하는 경향이 있습니다.
- 대화의 주도권을 아이에게 이양하세요.
- 아이가 부모의 말에 기분 나쁘게 반응하면, 부모는 스스로 기분 나쁘게 말하지는 않았는지 되돌아보는 것이 좋습니다.

엄마와 아이가 싸우지 않고
기분 좋게 지내는 법

집 밖에서 10대 청소년과 다투는 어른은 거의 없습니다. 집 밖에서 여자 어른과 다투는 남자 어른은 드물고 남자 어른과 다투는 여자 어른도 보기 어렵습니다. 그런데 가정에서는 거의 매일 이런 다툼이 일어납니다. 왜 다툴까요? 아이러니하게도 자주 다투는 이유는 사이좋게 지내고 싶어서입니다. 아이를 공부시키고 싶어서입니다. 정말로 작정하고 싸우는 것이 아니라 아이가 내 말을 안 들으니까 답답해서 큰소리가 나오고 싸움으로까지 이어지지요.

그러니 싸우는 것 자체는 잘못된 일이 아닙니다. 정말로 싸워도 괜찮아요. 부모와 아이가 성격이 못돼서, 성품이 못돼서 싸우는 것이 아니니까 괜찮아요. 대신에 싸우고 나면 왜 싸웠는지 꼭 생각해 보면 좋겠습니다. 아이 공부시키려고 싸웠는데 싸우고 나서 아이가 공부를 더 안 하게 되면 잘못 싸운 것이지요. 사이가 좋아지고 싶어서 싸웠는데 싸우고 나서 사이가 더 나빠지면 잘못 싸운 것이지요.

공부하기 싫어하는 아이를 공부하도록 도우려면 처음에는 어쩔 수 없이 아이와 싸울 수밖에 없어요. 아이가 공부 안 하겠다고 심하게 저항하거든요. 공부 안 하던 아이가 공부하는 아이로 바뀌는 과정에서 갈등을 겪을 수밖에 없듯이 부모와 아이의 관계 변화도 갈등이 따를 수밖에 없습니다. 아무리 부모가 아이와 사이좋게 지내야겠다고 결심해도 '사이 나쁨'이 곧바로 '사이좋음'으로 바뀌지 않습니다. "아이와 사이좋게 지내고 싶은데 매일 싸우게 돼요"라고 고민하는 부모가 많습니다. 괜찮습니다. 지금 싸움으로 대화하는 중이에요. 싸우면서도 서로 말을 주고받거든요. 싸우면서 하는 대화가 사이좋은 대화와 다른 점이 있다면 화를 내면서 큰소리로 감정을 실어 말한다는 것뿐이지요.

왜 큰소리로 말할까요? 우리는 언제 큰소리로 말할까요? 소리가 작아서 상대방이 내 말을 못 듣는다고 생각할 때, 다급하게 상대방을 부를 때, 어떤 위험이 닥쳤을 때, 상대방이 내 마음을 몰라주고 오해하는 것 같아서 내 속이 답답할 때 큰소리로 말하지요. 부모와 아이가 큰소리로 싸우는 것도 마찬가지예요. 싸움 자체가 목적이 아니라 잘 지내고 싶어서 싸우는 것이에요.

그런데 싸우다 보면 목적을 잃어버리고 싸움에 집중하게 돼요. 이겨야 한다는 생각만 하지요. 마치 전쟁에서 적과 싸우듯이 아이를 극단적인 말로 공격하지요. 아이도 부모를 적으로 착각하고 상처가 되는 말을 쏟아내면서 부모를 이기려고 하지요. 그렇게 아군끼리 치열하게 싸우고 나면 이긴 쪽이나 진 쪽이나 손상을 입게 돼요. 전쟁터가 된 가정은 엉망이 되지요.

싸울 때마다 내상을 입으면서도 또다시 싸우는 이유 역시 그만큼 사이좋게 지내고 싶은 마음이 크기 때문이에요. 앞으로 싸우지 말고 잘 지내 보자며 대화를 시작하지만, 여전히 대화의 기술이 부족하니 다시 싸움으로 번지는 것이거든요. 싸울수록 사이가 좋아지려면 싸우고 나서 반드시 다음 과정을 거쳐 피드백을 해 보시기 바랍니다.

○ 한번 생각해 보세요. 아이와 싸울 만한 일이었나? 싸우지 않고 부드럽게 말할 수는 없었을까? 화를 내면서 큰소리로 말하는 아이의 의도에 나는 집중했는가? 아이가 왜 화가 났는지 알아들으려고 나는 노력했는가?
○ 아이가 왜 화가 났는지 이유를 알게 되면, 말도 안 되는 소리를

엄마의 말투가 아이를 바꾼다 ___

한다고 무시하지 말고 그럴 수도 있겠다고 인정해 주세요. 그리고 아이가 원하는 대로 흔쾌히 들어주세요.

○ 부모와 아이가 싸우는 이유는 대체로 부모가 아이의 말을 인정해 주지 않기 때문이에요. 부모가 아이 말을 집중해서 안 듣고 부모 하고 싶은 말만 하기 때문이에요.

○ 사람은 무시당할 때 가장 기분이 나빠요. 기분이 나빠서 싸워요. 기분 좋으면 싸우지 않지요.

○ 싸우고 나서 아이에게 미안한 마음이 들면 망설이지 말고 미안하다고 말하세요. 부모가 먼저 사과했는데도 아이가 안 받아들이는 듯한 반응을 보일 수 있어요. 그래도 자존심이 상한다고 생각하지 마세요.

○ 혹시라도 아이가 죄송하다고 사과했을 때, "미안하면 됐어. 다음부터 제대로 해!", "미안한 줄 알기는 알아?", "미안할 일을 왜 해서 내 속을 뒤집어 놓니?"라는 식으로 빈정대듯이 말하지 마세요. 아이가 힘들게 사과했는데 부모가 비아냥거리는 반응을 보이면 '다시는 미안하다고 말하지 않겠다'라고 결심하거든요.

○ 아이가 미안하다고 말하면 "엄마도 미안해"라고 엄마도 미안한 마음을 전하거나 "우리 아들(딸), 미안하다고 말해 줘서 고맙다"라고 아이 마음을 진심으로 받아 주세요.

○ 이기려고 싸우지 마세요. 사이좋게 지내려 싸워야 해요.

○ 아이와 말다툼에서 지면 자존심이 상한다거나 분하다고 생각하지 마세요. 다음에는 더 제대로 싸워서 이겨 보겠다고 씩씩거리지 마세요. 아이와 싸워서 이긴들 부모에게 무슨 이득이 있을까요?

○ 싸우고 싶지 않지만 어쩔 수 없이 또다시 싸우게 된다면, 엄마 말을 들으라고 종용하기 전에 아이가 원하는 것이 무엇인지 알아내는 일에 집중하세요. 그동안 내가 알아듣지 못한 것이 무엇인지 알려면 아이가 하는 말에 집중하시면 돼요.

아이가 시험을 보고 나서 피드백을 하면 다음 시험에 더 좋은 점수를 얻을 수 있듯이, 부모도 아이와 싸울 때마다 피드백을 하면 다음에 어쩔 수 없이 싸우게 되더라도 아이와 사이는 점점 좋아져요. 그동안 아이가 큰소리로 말했는데도 알아듣지 못했다는 사실을 알게 될 거예요. 부모가 먼저 아이의 말을 집중해서 들어 주면 아이도 부모 말을 집중해서 들어요. 더 나아가 자신의 잘못을 인정하기도 해요. 그러다 보면 부모와 아이 사이에 소통이 일어나고 더 이상 싸울 일이 없게 됩니다.

 **아이를 바꾸는 엄마의 말투**

• 싸우는 것 자체는 잘못된 일이 아닙니다. 대신에 싸우고 나면 왜 싸웠는지 꼭 생각해 보세요.

- 이기려고 싸우지 마세요. 사이좋게 지내려 싸워야 해요.
- 싸우고 나서 아이에게 미안한 마음이 들면 망설이지 말고 미안하다고 말하세요.
- 아이와 싸울 때마다 피드백을 하면 다음에 어쩔 수 없이 싸우게 되더라도 아이와 사이는 점점 좋아져요.

아이가 기분 좋게
스마트폰을 사용하게 하는 법

코로나-19 바이러스로 아이가 학교에 가지 못하면서 부모와 아이가 집에서 겪는 고통이 큽니다. 아이가 공부는 전혀 안 하고 하루 종일 스마트폰에만 빠져 사는 것 같아서 부모는 속이 상합니다. 사실 부모 입장에서 자기 방에 틀어 박혀 스마트폰만 붙잡고 사는 아이를 매일 봐야 하는 일은 엄청난 스트레스이지요.

하지만 아이도 밖에 나가지 못하고 부모와 집에만 있어야 하니 고통이 클 것입니다. 엄마 눈치를 보느라 마음 편히 쉬거나 놀지 못하거든요. 노는 일은 힘듭니다. 이렇게 말하면 부모는 이해하지 못할 수도 있습니다. 하지만 부모와 함께 있으면서 노는 일은 엄청 어려워요. 놀고 있는 모습을 보일 때마다 부모에게 좋은 말을 못 들을 테니까요. 아이 표정을 보세요. 노는데 즐겁지 않지요? 얼굴 찡그리고 짜증내고 화내면서 놀지요?

스마트폰은 공부 다음으로 부모가 아이와 가장 많이 싸우는 원인입니다. 거의 모든 가정에서 한 번쯤은 아이 스마트폰을 강제로 뺏거나 숨겨 놓은 경험이 있을 거예요. 아이가 스마트폰에 중독될까봐 걱정되서 도와주고 싶은 마음에 그렇게 한 것이지요. 그 결과 어떻게 됐는지요? 얼마 지나지 않아 부모 스스로 '내가 너무 심했다'는 미안한 마음이 들어서 스마트폰을 내줍니다. 그리고 스마트폰을 한 번 뺏겨 본 아이는 다시는 뺏기지 않으려고 적극적으로 스마트폰을 챙기지요. 손에서 스마트폰을 놓지 않고 심지어 잘 때도 가지고 잡니다.

부모가 아이 스마트폰을 뺏어서 직접 관리할 수 있다면 얼마나 좋을까요? 부모 입장에서는 쉽고 간단한 방법이지만, 실제로는 불가능해요. 스마트폰은 사용 시간을 정해서 가지고 놀 수 있게 도와주어야 하지, 뺏어서 없애지는 못합니다.

일단 아이에게 스마트폰을 한 번 사 주면 뺏을 수 없습니다. 뺏을 수 없는데 뺏을 수 있다고 생각하기 때문에 부모는 기회가 되면 스마트폰을 뺏어서 없애는 방법으로 도와주려고 합니다. 반면 아이는 스마트폰을 안 뺏기려고 전투적으로 덤빕니다. 이렇게 스마트폰으로 부모와 아이가 격렬하게 다투는 상황이 연출됩니다. 이런 일이 일어나는 이유는 아이가 버릇없고 못됐거나, 부모가 못됐기 때문이 아닙니다. 스마트폰이라는 기기의 성격을 이해하지 못해서 발생하는 일입니다.

미국 실리콘밸리의 IT 기업에 종사하는 사람들의 가정에서는 아이가 IT 기기를 15살 이전까지는 사용하지 못하게 하고, 어쩔 수 없이 사용해야 한다면 원칙을 엄격하게 정해 놓습니다. 우리가 잘 아는 스티브 잡스와 빌 게이츠도 아이가 15살이 되기 전에는 컴퓨터나 스마트폰을 사용하지 못하게 했습니다. 아이러니지요? 스마트폰을 만든 사람들이 왜 자신의 아이들에게는 사용하지 못하게 했을까요? 그들은 스마트폰 기기가 어떻게, 어떤 용도로 설계되었는지 잘 알기 때문이에요.

스마트폰은 어린 청소년을 위해서 만든 기기가 아니에요. 성인 사용자를 위한 기기예요. 그러니 애초부터 스마트폰에 푹 빠지도록, 스마트폰을 손에서 놓지 못하도록 설계했다고 합니다. 한 번 사용하면 멈추기 어렵게 만들어졌다는 뜻이지요. 사람들이 스마트폰에 빠질수록 자신들이 돈을 벌기 때문이에요.

그런데도 부모들은 스마트폰 기기의 이런 특성을 이해하지 못한 채 아이에게 다짐과 약속을 받고 사 줍니다. "공부에 방해되지 않도록 사용할게요. 공부하고 나서 잠깐만 사용할게요"라고 다짐하는

엄마의 말투가 아이를 바꾼다

아이도 자신이 얼마든지 약속을 지킬 수 있다고 생각해요. 아이가 일부러 거짓말을 하는 것은 아니지요. 그렇지만 며칠 지나지 않아 스마트폰에 빠져 있는 아이를 보면 부모는 화부터 납니다. 더 나아가 부모는 "공부는 안 하고 스마트폰만 붙들고 있네. 그만하라고 그렇게 말해도 말을 안 듣고!"라며 화를 냅니다. 여전히 "그만해라"라고 말하면 아이가 바로 그만할 수 있는 기기라고 생각하니까요.

애초 스마트폰은 부모의 도움 없이 사용할 수 있는 기기가 아니에요. 그러므로 아이에게 스마트폰을 사 줄 때는 부모의 각오가 필요해요. 시간을 정해서 사용할 수 있도록 아이를 도와주겠다는 각오를 해야 합니다. 공부와 마찬가지로 스마트폰도 정해진 시간에 사용하는 습관을 들이도록 도와주어야 해요.

스마트폰 사용 시간을 조절해 주려면 아이가 눈치 보지 않고 부모 앞에서 당당하게 스마트폰을 가지고 놀 수 있는 분위기가 만들어져야 해요. 그래야 스마트폰을 건강한 방법으로 사용할 수 있어요. 그런데 부모는 아이가 스마트폰을 하고 있으면 거의 화내듯이 짜증 섞인 목소리로 그만하라고 말해요. 큰소리로 야단치듯이 말하지요. 물론 아이는 말을 듣지 않아요. 다시 한 번 강조하지만, 스마트폰은 원래 그런 기기니까요. 부모는 또다시 소리치고, 결국 아이는 스마트폰을 들고 화장실로 가요.

가정에서 아이가 아무런 간섭을 받지 않고 무엇인가를 할 수 있는 가장 안전한 장소가 화장실이라면 이보다 가슴 아픈 일은 없을 거예요. 그 일이 스마트폰을 사용하는 일이라도 마찬가지예요. 다른 사람도 아닌 부모가 귀한 아이를 화장실로 내몬 것이에요. 더 나아가 "스마트폰을 들고 화장실만 들어가면 도대체 나오지를 않는다"면서 빨리 나오라고 호통을 치면 아이는 결국 집을 나가요. 가정이 놀기에 안전하지 않으니까요. 그것도 아니면 부모 몰래 스마트폰을 하게 되지요. 어느 쪽이든 아이는 부모의 시야를 벗어난 곳에서 스마트폰을 사용하는 결과가 됩니다.

아이가 스마트폰에 중독되는 것이 걱정되서 도와주려 한 일이 오히려 몰래 스마트폰을 하게 만들어 버렸습니다. 스마트폰을 몰래 하면 더 쉽게, 더 깊게 빠져들어요. 아이가 시간을 정해서 스마트폰을 사용할 수 있도록 다음과 같이 도와주세요.

○ 먼저 아이를 기분 좋게 해 주세요. 기분이 좋아야 부모 말을 듣거든요.
○ 스마트폰 사용 시간을 정합니다. 초등학교 저학년은 부모가 정해서 지키도록 도와줄 수 있지만, 초등학교 고학년부터는 아이와 의논해서 정하는 것이 좋아요. 엄마가 일방적으로 정하면 아이는 반발해서 지키지 않아요. 본인이 동의하지 않으면 지키지

엄마의 말투가 아이를 바꾼다 ___

않거든요.

○ 취침 시간도 의논해서 정합니다. 스마트폰을 가지고 노느라 너무 늦게 자는 경향이 있거든요. 그리고 취침 시간을 지키면 칭찬해 주세요. 놀고 싶은 마음을 참고 약속을 지켰을 때 칭찬과 인정이라는 보상을 해 줘야 다음 날 또 기분 좋게 지킵니다.

○ 아이가 쉴 때 스마트폰을 가지고 놀고 싶어 하는 마음을 존중해 줍니다. 스마트폰 사용 시간에는 눈치 보지 않고 편히 놀게 해 주세요. 그래야 다음 날도 약속을 지킬 수 있어요.

○ 아이가 약속을 지키지 못한 것에 대해서는 말하지 않아도 돼요. 왜냐하면 내일이 있거든요. 잘한 일은 칭찬하고 못한 일은 넘어가요. 칭찬을 늘리고 잔소리를 줄이면 칭찬할 일이 늘어납니다. 지적하는 말은 아이 기분을 나쁘게 합니다. 기분을 나쁘게 하는 방법으로 스마트폰 사용 시간을 매일 지키게 하기는 어려워요.

○ 스마트폰으로 놀다가 멈추는 것은 아주 어려운 일입니다. 그러니 아이가 순순히 또는 억지로라도 스마트폰 그만하라는 부모 말을 들어주면 잊지 말고 꼭 칭찬해 주어야 합니다.

○ 스마트폰 사용 시간을 정해 놓았는데도 아이가 약속을 지키지 않고 계속 스마트폰을 하고 있으면 기회를 한 번 더 줍니다. 아이에게 언제까지 할 것인지 묻고, 아이가 "30분"이라고 말하면 기억했다가 얘기해 주면 됩니다.

○ 부모가 스마트폰 사용 시간을 잊지 말고 챙겨 주어야 아이가 스마트폰을 멈출 수 있어요. 부모도 똑같이 약속한 시간을 잊어버리면 그날은 아이가 하루 종일 스마트폰을 하고 있을 수밖에 없어요. 스마트폰은 한 번 손에 쥐면 놓지 못하니까요.

부모가 아이의 지나친 스마트폰 사용을 걱정하면 아이는 자기가 알아서 할 수 있다고 장담합니다. 부모 간섭을 받지 않고 사용하고 싶어서 고집을 부리지요. 하지만 약속을 지키는 아이는 없습니다. 아니 지키지 못합니다. 아이가 능력이 부족하거나 버릇이 없어서가 아닙니다. 스마트폰이 원래 그런 것이지요. 신나게 게임하고 있는데 숙제하겠다고 스스로 멈출 수는 없거든요.

스마트폰을 멈추는 일은 많은 에너지가 필요하므로 부모가 칭찬으로 아이에게 에너지를 주어야(도와주어야) 합니다. 그러므로 부모가 아이와 사이가 좋아야 해요. 그래야 아이가 스마트폰을 적절히 사용도록 매일 도와줄 수 있어요. 스마트폰 사용도 공부처럼 습관을 만들어 주는 일이라 엄마의 따뜻한 말로 도와줄 수 있어요.

🫖 TIP _____ 아이를 바꾸는 엄마의 말투

• 스마트폰은 아이가 마음껏 사용할 수 있는 기기가 아니라 시간을 정해서 사용하는 기기입니다.

- 공부처럼 스마트폰 조절 능력도 부모 도움이 필요해요. 아이 스스로 조절하기 힘들어요.
- 아이가 약속한 시간을 지키지 못한 것은 말하지 않아도 돼요. 잘한 일은 칭찬하고 못한 일은 넘어가요.
- 스마트폰 사용도 공부처럼 습관을 만들어 주는 일이라 엄마의 따뜻한 말로 도와줄 수 있어요.

놀고 싶다는 아이의 요구를
무조건 들어줘야 하는 이유

　이론적으로는 '공부하고 노는 것'이 원칙이지만, 공부하기 싫어하는 아이는 '놀고 공부하겠다'고 고집을 부려요. 이럴 때는 아이 요구를 흔쾌히 들어주세요. 아이가 놀고 싶어 할 때 먼저 놀게 해 주세요. 먼저 놀게 해 주는 것은 아이가 기분 좋게 공부하도록 돕기 위해서예요. 공부하기 싫어하는 아이가 공부하려면 일단 놀고 시작할 수밖에 없어요. 놀면서 기분이 좋아지면 공부를 시작하는 데 필요한 에너지가 충전되거든요.

　한 시간 공부를 마치고 다음 시간 공부를 하려면 에너지가 또 필요합니다. 이때 잠깐이라도 쉬어서(놀아서) 에너지를 충전해야 해요. 이와 같은 에너지 원리를 이해하지 못하는 부모는 아이가 노는 것을 불안해하고 쓸데없는 일이라 생각해서 불만을 가집니다. 아이가 원하는 대로 맞춰 주어도 정말 괜찮아요. 단지 아이가 놀고 났을 때 기분 좋게 공부할 수 있도록 챙겨 주는 일만 잊지 않으면 됩니다.

아이가 원하는 대로 쉬었으니까, 이제 공부해야죠? 그런데 평소 공부하는 습관이 없는 아이는 30분 집중해서 공부하기도 힘들어요. 이때 엄마는 30분이든 40분이든 아이가 공부한 것 자체를 인정해 줍니다. 그렇지 않고 엄마의 기준에 못 미쳤다는 생각으로 "겨우 30분 공부한 거야?"라는 식으로 말하면, 아이는 억울해집니다. 마치 아이가 공부를 안 한 것처럼 들리니까요. 아이 입장에서는 분명 했으니까요.

30분밖에 집중하지 못하는 아이를 억지로 1시간씩 공부하게 하려고 애쓸 필요 없어요. 일단 아이가 현재 집중할 수 있는 시간을 인정해 주세요. 30분 공부하고 10분 쉬게 해 주세요. 또 30분 공부하고 10분 쉬고… 이렇게요. 기분 좋게 쉬면 기분 좋게 공부하고, 기분 좋게 공부하면 성취감이 올라가요. 이제 공부하는 시간이 30분에서 40분, 50분으로 늘어납니다.

아주 산만한 아이는 20분밖에 집중하지 못하는 경우도 있어요. 괜찮아요. 20분 공부하고 10분 쉬면 돼요. 그리고 또 20분 공부하고 10분 쉬고… 집중할 수 있는 시간이 1시간이든, 30분이든, 20분이든, 결국 공부해 내는 시간은 같아요. 빨리 끝내느냐, 늦게 마치느냐의 문제이지요. 그러니 처음부터 무리하게 1시간 이상씩 공부시키려 고생하지 않아도 돼요.

아이가 30분 집중해서 공부하면, 아이에게도 쉴 자격이 생겨요. 이때는 아이가 쉬고 싶은 대로 쉬게 해 주면 돼요. 30분 집중해서 공부한 일을 부모가 대단하게 생각하지 않으면 아이가 공부는 안 하고 놀려고만 한다고 생각하게 돼요. 그래서 스마트폰을 하고 있는 아이가 미워지죠. 30분이든 20분이든 아이가 공부한 것을 대단하게 생각해야 칭찬하고 인정하는 말이 나와요. 그러면 아이가 쉬고 있어도 화가 나지 않지요.

엄마가 할 일은 먼저 아이가 원하는 대로 쉬게 해 주는 것입니다. 약속한 시간 동안 엄마 눈치 보지 않고 마음 편히 쉬어야 다음 공부를 할 수 있어요. 다시 들어가서 30분을 집중해 공부할 수 있는 동력이 '10분 쉴 수 있다'는 희망에 있어요. 그런데 10분 쉬는 동안 엄마 눈치 보느라 마음대로 할 수 없다면 동력을 얻을 수 없게 돼요. 쉬는 시간에 에너지가 충분히 충전되지 않으면, 그때부터는 형식적으로 공부하게 되지요.

아이가 시간 계획을 세워서 공부하도록 도와주면 더 좋아요. 이때 가장 중요한 것은 계획을 세우는 과정에서 아이가 스트레스를

엄마의 말투가 아이를 바꾼다 ___

받지 않아야 한다는 점이에요. 계획을 세우는 과정이 즐거워야 해요. 먼저, 아이가 계획을 세워 오면 엄청 칭찬해 주세요. "와! 오늘 공부를 이렇게 열심히 할 거야? 기특하네!" 하고 기분 좋게 반응해 주세요. 하루 일과를 마치고 잠자기 전에 "오늘 이것도 했고 이것도 했고, 아주 많이 했네. 참 잘했어" 하고 계획표대로 지킨 일에 관심을 가지고 기뻐해 주세요.

만약 지키지 못한 계획이 있어도 민감해할 필요 없어요. 아이가 계획을 잘 지키느냐 못 지키느냐는 엄마의 칭찬에 달려 있어요. 아이가 계획을 세워도 지키지 못하는 이유는 엄마가 과정마다 칭찬을 안 해 주어서 그래요. 과정에는 관심을 주지 않고 지켰는지 안 지켰는지 결과만 따지는 엄마는 '네가 계획표를 세웠으니 네가 알아서 지켜야 한다'고 생각해요. 그래서 계획을 못 지키면 "자기가 세운 계획도 안 지킨다"며 아이를 나무라죠.

계획표를 지키는 것은 아이 의지에 달린 일이 아니고 엄마 의지에 달린 일이에요. 다시 말하면, 아이가 세운 계획표이고 아이가 지켜야 하는 일이지만, 지키도록 돕는 일은 엄마가 해야 할 일이에요. 주의할 것은 계획표를 세우면 아이의 스트레스 지수가 평소보다 높아진다는 사실을 인식하고 있어야 한다는 점입니다. 그래야 아이의 기분이 덜 상하게 최대한 부드럽고 너그럽게 말하려고 노력할 수 있습니다.

 **아이를 바꾸는 엄마의 말투**

- 공부 습관을 바꿔 주려면 아이가 놀고 싶어 할 때 놀게 해 주세요. 아이는 놀 수 있다는 희망이 있어야 집중해서 공부합니다.
- 30분밖에 집중하지 못하는 아이를 억지로 1시간씩 공부하게 하려고 애쓸 필요 없어요. 일단 아이가 현재 집중할 수 있는 시간을 인정해 주세요.
- 아이가 세운 계획표이고 아이가 지켜야 하는 일지만, 지키도록 돕는 일은 엄마가 해야 할 일이에요.

- 놀고 나서 숙제하겠다는 아이 요구를 겁내지 말라. 숙제보다 아이의 기분이 좋은 것이 더 중요하다.

- 아이가 밥을 먹으면서 스마트폰을 본다면? 아이가 마음 편하게 밥을 먹을 수 있으면, 그것으로 괜찮다.

- 아이가 시험공부를 다 했다고 말하면 부모는 공부하느라 고생했다고 무조건 인정해 준다.

- 아이가 시험 기간에는 예민하고 날카로워진다는 것을 부모가 미리 예상하고 있어야 아이 기분이 상하지 않도록 부모가 도울 수 있다.

- 성적이 떨어진 과목은 아이가 먼저 말하지 않는 이상 부모는 묻지 않는다. 아이가 성적이 떨어진 이유를 말할 때 부모는 위로해 주기만 하면 된다.

- 부모는 아이를 어려서부터 봐 왔기 때문에 체감하기 힘들겠지만, 사실 아이와 부모 사이에는 건너 뛸 수 없을 만큼 큰 세대 차이가 존재한다.

- 아이가 부모의 말에 기분 나쁘게 반응하면, 부모는 스스로 기분 나쁘게 말하지는 않았는지 되돌아보는 것이 좋다.

- 아이와 싸울 때마다 싸운 이유와 과정을 성찰하라. 다음에 어쩔 수 없이 싸우게 되더라도 아이와 사이는 점점 좋아질 것이다.

- 스마트폰은 사용 시간을 정해서 가지고 놀 수 있게 도와주어야 하지, 뺏어서 없애지는 못한다.

- 공부하려면 에너지가 필요하고, 놀아야 에너지가 충전된다. 이 원리를 이해해야 아이가 놀아도 불안하지 않다.

4장

기분 좋은 아이로 기르는
엄마의 말투 실전 연습

실전 연습 1

"아이가 엄마 말을
무시해요"

민수 엄마　　우리 민수가 이제 조금 자기 공부를 하려는 것 같아요. 그런데도 여전히 언성을 높이면서 아이와 싸웠어요. 그냥 베끼면 되는 숙제라고 TV 보면서 해도 된다고 억지를 쓰는 거예요. 저는 너무 어이가 없어서 "그냥 베끼는 게 어디 있니? 선생님이 몇 번씩 써 오라 하는 이유는 쓰면서 기억하라는 뜻인데…" 하고 숙제의 의미를 설명해 줬어요. 하지만 아이는 제 말을 귓등으로 듣는 거예요. 엄마 말을 무시한다 싶어서 소리를 꽥 지르면서 TV를 꺼 버렸어요.

칭찬 샘　　먼저 민수가 공부하려는 자세를 보인 것은 그 자체로 칭찬받을 일이에요. "우리 아들 요즘 많이 달라졌다. 공부하려는 자세가 보여. 기특하네" 하고 칭찬해 주시면, 비록 민수가 억지를 부려도 다투지는 않았을 거예요. TV를 보면서 공부를 하든, 음악을 들으면서 하든, 공부하겠다는 자세는 칭찬받을 일이거든요. 민수 엄마는 자세가 바뀐 것만으로는 아직 칭찬받을 일이 아니라고 생각해서 칭찬할 기회를 놓친 거예요.

민수 엄마　아니 고작 공부하려는 자세를 보인 것만으로도 칭찬을 해 주라고요? 공부하는 태도는 여전히 엉망인데요?

칭찬 샘　민수가 자기 공부를 하려는 자세를 갖추기까지 1년 이상 걸렸어요. 그만큼 자기 공부는 어려운 일이거든요. 공부하기 싫어하던 아이가 공부에 대한 자세를 긍정적으로 바꾸었으니 놀랍지요. 민수는 충분히 칭찬받을 만해요. 그리고 TV를 보면서 숙제하겠다고 하면 "응, 그래. 뭐 보고 싶은데?" 하고 흔쾌히 들어주시는 거예요. TV를 보면서라도 공부하겠다는 자세를 기특하게 여기지 않고 못마땅하게 생각하면 칭찬보다는 잔소리가 튀어나와요. 엄마의 말이 잔소리로 들리면 아이 기분이 나빠지고 결국 다투게 되니까 공부 뒷바라지는 실패하고 말아요. 요즘 아이들은 멀티 세대라서 한 번에 두세 가지씩 할 수 있어요. TV를 보면서도 공부에 집중할 수 있으니 너무 염려하지 않아도 돼요. 공부를 안 하던 아이가 공부 습관을 만들려면 하기 싫어서 억지로 대충 하는 과정을 거치게 되는데, 이 과정을 지켜보는 일이 부모로서는 힘들지요.

민수 엄마　어제도 민수랑 싸웠어요. 조금씩 좋아지기는 하는데 아직도 버릇이 없어요. 민수는 엄마에게 얼마나 버릇없이 말하는지 모르는 것 같아요. 고치라고 얘기하면 제 말을 가로막고는 "앞으로 이렇게 해라, 저렇게 해라, 하는 식으로 말하지 마! 듣기 싫다고!" 하면서 소리를 지르는 거예요. 교과서를 집에 안 가져와요. 복습해야 하는데도 준비물도 제대로 안 챙겨서 매일 한두 가지씩 빠뜨려요. 나중에 어른이 되어 사회에 나가면 이런 소소한 것들을 잘 챙겨야 하는데 어떻게 하려고 그러는지 걱정이에요. 그래도 아이는 제 말을 듣는 시늉도 안 해요. "사회생활을 하면서 누가 그런 일을 문제 삼느냐?"는 거예요. 제 말을 중간에 가로챌 때마다 화가 나서 "너! 이러지 마. 지금 엄마 엄청 화나 있어!"라고 소리쳐도 소용이 없어요.

칭찬 샘　민수가 엄마에게 소리 지른 것은 분명 버릇없는 행동이에요. 하지만 민수의 말을 잘 들어 보면, 이것은 엄마에게 "이런 말은 하지 말아 주세요"라고 요구하는 거예요. 그런데 엄마는 아이의 '요구'를 듣지 못하고 '버릇없는 행동'에만 반응하고 계세요. 그러다 보니 자꾸 아이를 가르쳐 주려고 하는 거죠. 엄마의 의도는 좋지만, 매일 반복된다면 그것은 아이를 지적하는 잔소리가 될 수 있어요. 아이가 버릇없다고 지적하거나 화를 내기만 하고 어떻게 말해야 하는지 가르쳐 주지 않으면 아이는 다음에 똑같이 버릇없이 말하고 행동해요. 아이는 일부러 버릇없이 말하는 것이 아니라 어떻게 말해야 하는지 모르는 것이에요.

민수 엄마　제가 애기해 주지요. 주의를 줘요. "민수야, 네가 다른 곳에서 이런 식으로 말하면 가정교육을 제대로 못 받은 아이로 낙인이 찍힐 거니까 이럴 때 진짜 조심해야 돼"라고 말해 줘요.

칭찬 샘　그 말씀에는 아이가 잘못했다는 지적만 있고 어떻게 말해야 하는지에 대한 내용은 없어요. 엄마는 알려주었다고 생각하지만, 아이는 지적만 받았어요. 그렇기 때문에 불쾌한 감정만 남고, 여전히 어떻게 말해야 하는지는 몰라요.

민수 엄마　그럼 버릇없이 행동할 때마다 어떻게 알려주어야 하나요?

칭찬 샘　지적하듯이, 핀잔을 주듯이, 버릇없다는 듯이 말씀하실 거면 그냥 아무 말도 안 하는 것이 더 나아요. 최소한 두 사람이 다투

엄마의 말투가 아이를 바꾼다 ＿

지는 않을 테니까요. "민수야 이렇게 말하면 더 예의가 있어 보일 것 같은데?" 또는 "예의 바르게 말하기 어렵지? 엄마도 이해해"라고 말하고 웃으면서 "엄마가 다시 알려줄게"라고 구체적으로 예의 바른 행동을 알려주시면 좋아요.

민수 엄마   화를 안 내고요?

칭찬 샘   네. 화가 난다면 차라리 아무 말 안 하고 넘어가는 것이 나아요. 화를 내면서 말하면 아이는 못 알아들어요. '우리 엄마는 맨날 내가 말만 하면 화를 내'라고 생각할 뿐, 왜 화를 내는지 몰라요.

TIP ____ 아이를 바꾸는 엄마의 말투

- 아이의 '요구'를 듣지 않고 '버릇없는 행동'에만 집중하면 자꾸 아이를 가르치려 들게 돼요.
- 아이는 일부러 버릇없이 말하는 것이 아니라 어떻게 말해야 하는지 모르는 것이에요.
- 화가 난다면 차라리 아무 말 안 하고 넘어가는 것이 나아요. 화를 내면서 말하면 아이는 못 알아들어요.

:

"아이랑 기 싸움 하느라
힘들어요"

경민 엄마　아이가 벌써 중학교 3학년이 됐어요. 선행학습을 하면 고등학교에 들어가서 수월하게 공부할 수 있을 것 같은데 아이는 공부하기 싫어해요. 제 말을 점점 더 안 들어요. 그러다 보니 아이에게 감정을 억제할 수 없어요.

칭찬 샘　아이에게 감정을 억제할 수 없는 것은 아이가 엄마를 무시한다고 생각하기 때문이지요?

경민 엄마　네. 아이 버릇을 고쳐 주려고 하는데 잘 안 돼요. 아이가 콧방귀만 뀌고 제 화를 더 돋워요.

칭찬 샘　　아이 버릇을 고쳐 주고 싶어서 화를 냈는데 그 결과가 더 나빠졌네요?

경민 엄마　　아이도 조심하는 것 같기는 한데, 여지없이 버릇없는 말투가 다시 튀어나와요. 그래서 손찌검까지 했어요. 눈을 치켜뜨면서 저를 쳐다보니까 참지 못해서 그만….

칭찬 샘　　경민이는 중학교 3학년으로 고교 입시를 준비하는 일만으로도 숨이 막힐 지경인데, 거기에 고등학교 선행학습까지 하라는 요구는 아이에게 감당할 수 없는 요구라는 생각이 들어요. 그러니 일부러 엄마 말을 안 듣는다기보다는 엄마 말을 들어줄 수 없는 거예요.

경민 엄마　　고등학교에 가서 공부하기 쉽게 해 주려고 선행학습을 하라는 것인데 그게 왜 부당한 요구인가요?

칭찬 샘　　고등학교 선행학습은 고교 입시가 끝나고 아이와 대화해서 결정해도 늦지 않아요. 지금은 중3로서 가지고 있는 고교 입시 공부에 대한 부담과 힘듦을 엄마가 먼저 알아주는 것이 먼저예요.

경민 엄마　　중3이면 이 정도 공부하는 것이 당연하지 않나요? 엄마 말에 경민이가 싫다고 짜증내면 화가 나서 저도 모르게 "그럼 하지마!" 하고 책을 집어 던져 버려요. 그리고 곧 후회하죠. 아이가 제 행동을 따라 하지 않을까 걱정도 되고요. 제가 저를 컨트롤할 수 없어요. 이러면 안 된다는 것을 알면서도 조절할 수가 없어요.

칭찬 샘   아이가 상처받았을까 봐 걱정되요?

경민 엄마   예. 나중에 아이에게 부드러운 말로 "그때 엄마가 너무 기분이 나빠서 그랬다"라고 말하면 아이가 이해한 듯 보이지만, 가끔 아이가 제게 보복하려고 한다는 느낌을 받아요.

칭찬 샘   경민이도 이제는 어리지 않아요. 중3이면 나름대로 분별할 수 있는 나이라 엄마에게 지지 않으려 할 거예요.

경민 엄마   네. 언제부터인가 작은 일에도 서로 기 싸움을 하고 있더라고요.

칭찬 샘   엄마는 아이가 엄마를 무시한다고 생각해서 아이를 강압적으로 눌러서라도 권위를 찾으려고 해요. 아이와 싸워서라도 버릇을 고치겠다는 이런 방법이 사실은 엄마가 전혀 예상하지 못한 방

엄마의 말투가 아이를 바꾼다 ___

향으로 결과가 나타나요.

경민 엄마   맞아요. 처음부터 경민이를 때리거나 화를 내려는 것이 아니었어요. 단지 아이의 버릇을 고쳐 주고 싶었을 뿐이에요.

칭찬 샘   엄마와 아이가 기 싸움을 하면 지는 쪽은 결국 엄마예요. 엄마가 감정을 컨트롤하지 못한다는 것 자체가 기 싸움에서 졌다는 의미예요. 엄마도 불행해지고 아이도 불행해지지요.

경민 엄마   네. 속이 터질 것 같아요. 딸이 "엄마랑 같이 살기 싫어!"라고 말했을 때 너무 마음이 아팠어요. 주말 부부라 경민이와 둘이 있는 시간이 많아요. 그런데도 집안 분위기가 화기애애하지 못해요. 밥 먹을 때만 좋아요.

칭찬 샘   밥을 맛있게 해 주시나 보네요. 하하, 참 잘 하신다.

경민 엄마   공부 때문에 서로 싸우다가도 저녁 식탁에 앉으면 아이 얼굴이 금세 펴져요. 그럴 때 보면 '아직 애구나' 싶어요. 오늘도 기분 좋게 밥 먹고는 또 싸웠어요. 학원 가기 싫다고 하는데 습관이 될까 봐 정색하고 가야 한다고 화를 냈지요. "갈래? 안 갈래? 안 가려면 아예 그만 둬!" 했더니, "엄마는 왜 항상 그렇게 극단적으로 말해?" 이러네요.

칭찬 샘　　　엄마는 아이 못 이겨요. 이길 수 있다고 생각하기 때문에 극단적인 말을 쓰지요. 어떻게 엄마가 아이를 이겨요? 엄마 사랑이 더 커서 못 이겨요. 사랑하기 때문에 못 이겨요. 그리고 극단적인 언어를 쓰면 쓸수록 결국 엄마 손해예요. "그래 가지 마! 앞으로 다시는 너 학원에 안 보낸다"라고 협박하지만, 아이가 정말 학원 안 가면 엄마가 가만히 있을 수 있어요? 또 어떻게든지 달래서 보내겠지요. 부모가 극단적인 언어를 쓸수록 말과 행동이 다른 것이 선명하게 드러나기 때문에 아이는 엄마 말을 안 듣게 될 가능성이 높지요. 엄마는 말을 저렇게 해도 말대로 안 할 것을 아니까 협박적인 말이 안 통하는 거예요.

경민 엄마　　　학원 가는 거로 싸우다가 결국 제가 졌어요. "오늘만이다." 이러면서요….

칭찬 샘　　　"엄마, 나 공부하기 싫어. 학원 안 가면 안 돼?"라고 말할 때, 경민 엄마는 윽박지르면서 억지로 보내지요?

경민 엄마　　　집에서 빈둥거리며 노는 것보다 학원에 가면 뭐라도 배우고 좋겠지, 하는 마음에 효과가 없는 줄 알면서도 보내지요. 다른 애들 다 학원 가는데 우리 아이만 안 보내면 뒤처질까 봐 불안하기도 하고요.

칭찬 샘　　아이가 "엄마, 오늘 안 가면 안 돼요? 정말 가기 싫어요" 라고 요구하면 "그래? 많이 힘들어? 그럼 하루 쉬어"라고 좋은 마음으로 아이 요구를 들어주는 것이 억지로 보내는 것보다 좋아요. 그런데 "그래!" 하고 아이 요구를 들어주면서 꼭 뒤에 조건을 달아요. "다음에 또 그러면 안 된다"라고 조건부 허락을 하지요.

경민 엄마　　조건 없이 해 줘야 하는데, 돌아보면 그런 적이 거의 없어요. 스마트폰 사 달라고 아이가 자주 졸라요. "스마트폰? 글쎄 사 줄 수 있어. 그런데 성적 떨어질까 봐 못 사 주는 거야." 이렇게 말이 나오거든요.

칭찬 샘　　하하하 맞아요. 엄마들 다 그러지요.

 **아이를 바꾸는 엄마의 말투**

· 엄마와 아이가 기 싸움을 하면 지는 쪽은 결국 엄마예요. 엄마가 감정을 컨트롤하지 못한다는 것 자체가 기 싸움에서 졌다는 의미예요.

- 부모가 극단적인 언어를 쓸수록 말과 행동이 다른 것이 선명하게 드러나기 때문에 아이는 엄마 말을 안 듣게 될 가능성이 높아요.
- 아이가 요구하면, 아무 조건 달지 말고 좋은 마음으로 아이 요구를 들어주세요.

:

실전 연습 3

"이제 그만 스마트폰 전쟁을 끝내고 싶어요" (I)

혜진 엄마　　스마트폰 때문에 고민이 많아요. 어제는 때려 주고 싶었어요. 혜진이 스마트폰을 몰래 숨겨 놓았었는데, 저 보고 빨리 달라고 떼를 쓰는 거예요. "내 스마트폰 어디 있냐고?"라면서 소리를 질러 댔어요.

칭찬 샘　　아이가 요구할 때 부모가 바로 들어주면 아이가 굳이 짜증을 낼 이유가 없어요. 그런데 부모는 아이가 스마트폰 가지고 노는 일을 쓸데없다고 여겨서 흔쾌히 들어주지 않지요. 혜진이가 소리를 지르고 떼를 써야 들어주니까 짜증내는 일이 습관이 돼요. 혜진이가 나름대로 자기 요구를 관철하는 방법이거든요. 아이 동의 없이 일방적으로 빼앗았어요?

혜진 엄마　아이가 스마트폰을 너무 오래 하니까요. 공부하는 데 방해가 된다 싶어서 아이 몰래 가져다가 숨겨 두었지요. 엄마가 가지고 있을 테니까 필요하면 달라고 하라고. 숙제 다 했다고 해서 주었더니 잠자기 전까지 스마트폰만 했어요.

칭찬 샘　왜 그렇게 오래 하게 내버려 두셨나요?

혜진 엄마　스마트폰을 달라고 하도 짜증을 내고 떼를 쓰니 제가 못 이기고 주었어요. 처음에는 TV를 보겠다고 해서 켜 주었는데, TV를 보면서 스마트폰을 하더니 나중에는 스마트폰만 가지고 놀더라고요. 스마트폰을 아예 못 하게 하고 싶은데, 그러면 반발이 심할 것 같고….

칭찬 샘　아이가 스마트폰을 달라고 하면 흔쾌히 주세요. 그리고 언제까지 하겠느냐고 물으면 아이는 생각해서 시간을 정해요. 엄마는 그 시간을 기억하고 있다가 지킬 수 있게 도와주세요. 지금처럼 스마트폰을 빼앗아서 감추는 방법은 오히려 스마트폰에 집착하게 만들 수 있어요. 스마트폰 조절 능력도 너그러움으로 길러 주어야 해요. 일방적으로 하면 아이는 반발할 거예요. 모든 규칙은 아이가 동의해야 지킬 수 있어요.

혜진 엄마   혜진이가 학교에서 숙제 다 하고 왔다면서 밤늦게까지 스마트폰만 했어요. 그런데 자기 전에서야 숙제가 한 가지 빠진 것이 생각났나 봐요. 주방에서 급하게 숙제를 하더라고요. 이대로 스마트폰을 하게 두면 안 되겠어요. 그래서 아이랑 담판을 지으려고요. 고등학교 입학할 때까지 스마트폰은 못 한다고 확실히 못을 박아야겠어요.

칭찬 샘   세상에나. 혜진이가 이제 중학교 2학년인데, 앞으로 꼬박 1년 동안 참을 수 있을까요? 이렇게 극단적인 방법보다는 혜진이가 공부하고 쉴 때 스마트폰 하고 싶어 하는 마음을 존중해 주면 좋겠어요. 지금은 엄마가 혜진이를 예뻐하면서 돌봐주기 때문에 스마트폰을 무질서하게 사용하지는 못해요. 약속한 시간 안에서 스마트폰을 가지고 마음 편하게 놀도록 도와주면 스마트폰 조절 능력이 점점 더 좋아져요.

혜진 엄마   그러면 어떤 벌칙을 주면 좋을까요? 예를 들어서 네가….

칭찬 샘　　아니요, 벌칙으로 가면 안 돼요. 그러면 스마트폰을 조절해 주기가 더 어려워져요. 혜진이에게 계속 동의를 구하고 의논을 해야 해요.

혜진 엄마　　"엄마가 볼 때, 이건 도저히 아닌 것 같다. 숙제도 제대로 안 하고 스마트폰에 정신 팔려서… 너 너무 심하다." 이렇게 야단치는 데요?

칭찬 샘　　아이와 대화할 때는 항상 칭찬을 먼저 하세요. "우리 딸, 늦게라도 숙제가 생각나서 정말 다행이다. 기특하게도 그 밤에 숙제를 다 하더라. 포기하지 않고 숙제를 마저 다 하고 들어가서 엄마는 놀랐다. 우리 딸 기특하다." 이렇게 먼저 혜진이가 잘한 일을 칭찬해야 해요. 그리고 나서 "혜진아, 엄마가 스마트폰 사용 시간을 조절할 수 있도록 도와주고 싶은데 네 생각은 어때?" 하고 아이 의견을 물어보세요. 아이가 "몰라, 안 돼. 난 스마트폰 해야 돼. 내가 알아서 할 테니 엄마는 신경쓰지 마!"라고 짜증을 내면, "오냐. 네가 알아서 할 수 있구나. 그러면 엄마는 그냥 있을게"라고 하시면 돼요. 엄마도 하고 싶은 말이 있겠지만, 일단 그냥 멈추세요. 괜찮아요.

혜진 엄마　　자기가 알아서 한다지만, 한 번도 그렇게 못 했거든요.

그런데도 괜찮아요? 알아서 하게 두라고요?

칭찬 샘　　혜진이는 어차피 약속을 못 지켜요. 그만큼 스마트폰은 손에서 놓기가 어렵거든요. 그러니 내일 다시 대화하시면 돼요. 스마트폰에 대해서 아이가 받아들이는 만큼만 대화하고 그날은 거기서 멈추세요. 아이는 엄마가 자기 말을 안 들어줄 것이라고 예상해서 강하게 주장했는데, 뜻밖에도 엄마가 흔쾌히 받아주면 한편으로는 기분이 좋고, 한편으로는 자신의 말을 지켜야 한다는 부담을 느끼게 돼요. 그래서 다음 날 약속을 지키려고 노력해요. 그렇지만 약속을 지키기는 어렵지요. 스마트폰은 요술 같아서 5분 지났나 싶은데 시계를 보면 30분이 훌쩍 지나가 있거든요. 이럴 때 엄마가 부드럽게 "혜진이가 스마트폰 사용 시간을 정하면 엄마가 시간이 다 될 때 말해 줄게. 어때?" 하고 제안해요. 아이는 조금도 불쾌해하거나 망설이지 않고 "응, 알았어"라고 해요.

혜진 엄마　　맞아요. 아이가 "하루에 한 시간만 할게"라고 말하지만 못 지켜요. 한 번도 지킨 적이 없어요.

칭찬 샘　　그래도 괜찮아요. 못 지키는 것을 나무랄 필요 없어요. 혜진이가 1시간만 하겠다고 결정한 일은 대단한 용기를 낸 거예요.

그러니 먼저 칭찬하세요. "1시간? 더 하고 싶을 텐데, 스스로 사용 시간 계획을 세우다니 진짜 대단하다. 그러면 어서 놀아라"라고 흔쾌히 들어주지만, 엄마는 1시간을 잘 기억하고 있어야 하지요. 왜냐하면 약속한 시간이 지나도 혜진이는 멈추지 못하고 계속 스마트폰을 하고 있을 거니까요. 아이가 시간 약속을 지키지 못할 때마다 엄마는 화내지 않고 "혜진아, 시간이 지났네. 더 이상 하면 안 될 것 같은데?" 이렇게 부드럽게 말해도 아이는 들어요. 엄마가 내 말을 다 들어주지만 스마트폰 사용 시간을 지키는 일을 중요하게 여긴다는 것을 알도록 일관성 있게 옆에서 도와주기만 하면 돼요.

 **아이를 바꾸는 엄마의 말투**

- 아이가 요구할 때 부모가 바로 들어주면 아이가 굳이 짜증을 낼 이유가 없어요.
- 일방적으로 하면 아이는 반발해요. 모든 규칙은 아이가 동의해야 지킬 수 있어요.
- 아이는 뜻밖에도 엄마가 흔쾌히 받아주면 한편으로는 기분이 좋고, 한편으로는 자신의 말을 지켜야 한다는 부담을 느껴요.

실전 연습 4

"이제 그만 스마트폰 전쟁을 끝내고 싶어요" (II)

혜진 엄마　딸아이가 주말만 되면 스마트폰을 쥐고 안 놓아요. 그 모습을 보고 있으면 너무 걱정되서 저도 모르게 닦달하듯이 말해요. 아이가 마치 큰 잘못을 하고 있다는 뉘앙스로 닦달하게 되네요.

칭찬 샘　지금 아이들은 집에서 혼자 놀잖아요? 엄마나 아빠와 친하게 지내면 그나마 스마트폰을 덜 하겠지만, 혼자서 심심하니까 스마트폰을 가지고 놀 수밖에 없어요. 요즘에는 TV보다 스마트폰 가지고 노는 것이 훨씬 재미있는 거예요. 주말에는 스마트폰 사용 시간이 늘어날 수밖에 없지요.

혜진 엄마　혜진이가 가끔 오디션 프로그램을 같이 보자고 해요. 저도 속으로는 '같이 봐 줘야 하는데…'라고 생각하면서도 못 해 줘요. 전 재미없거든요. 어쩌다 같이 보면 제가 옆에서 졸아요. 이제는 제가 같이 보자고 해도 "엄마는 안 보고 잘 건데 뭐" 하고 시큰둥해요. 그러면서도 엄마가 같이 보자고 하면 좋아하기는 해요. 자기가 아는 것이 나오면 신이 나서 설명도 해 주고요.

칭찬 샘　그렇지요. 사실 그런 사소한 일들이 아이와 대화할 수 있는 절호의 기회예요. 이런 기회는 귀찮다고 다 차 버리고서 나중에 딸에게 엄마와 대화하지 않는다고 화를 내요. 10대 자녀와 대화하는 노하우는 쓸데없는 것처럼 들리는 말을 집중해서 들어 주는 것이에요.

혜진 엄마　혜진이는 온라인상에서 친구들과 스마트폰 게임을 하면서 얼마나 소리를 지르는지 몰라요. 어떤 때는 심한 욕도 막 해요. 제가 듣고 있으면 너무 거북해요. 나쁜 친구들이랑 어울리나 싶어서 걱정도 되고요. 그러다 보니 아이가 게임하고 있을 때 자주 들어가서 "조용히 좀 해라. 무슨 욕을 그리 심하게 하니?"라고 한마디 하거든요. 그러면 아이는 저 보고 나가라면서 엄청 짜증을 내요.

칭찬 샘　그렇게 욕하면서 신나게 놀고 싶어서 온라인 게임을 하

　엄마의 말투가 아이를 바꾼다　___

지요. 고상하게 조용히 게임하면 재미없고 지루해서 노는 것이 아니에요. 주변 의식하지 않고 신나게 소리 지르면서 놀고 나면 기분이 좋거든요. 10대 놀이 문화를 이해하지 못하면 나쁜 친구랑 어울린다고 오해하기 쉬워요. 부모가 10대 문화를 이해하면서 너그럽게 스마트폰 사용 시간을 관리해 주면 걱정스러운 일은 일어나지 않아요. 적어도 부모 몰래 하지는 않으니까요. 아이들은 다 비슷해요. 10대 아이 대부분이 혜진이처럼 스마트폰으로 게임하면서 놀아요.

혜진 엄마　며칠 전에는 제가 회식이 있어서 밤 12시에 들어왔는데, 세상에나 그때까지 스마트폰을 가지고 놀고 있지 뭐예요. 얼마나 화가 나던지. 봐 주면 봐 줄수록 점점 심해지는 것 같아요.

칭찬 샘　공부 뒷바라지나 스마트폰 뒷바라지나 방법은 같아요. 아이 혼자 힘으로는 어려워요. 엄마가 도우면 훨씬 쉽게 해낼 수 있어요.

혜진 엄마　특히 스마트폰은 일관성 있게 도와주기가 너무 어렵네요. 며칠 잘 관리해 주다가도 내 감정을 추스르지 못해서 확 무너지거든요. 그러면 어떻게 해야 하나요?

칭찬 샘 그날은 무너진 그대로 두고 내일 다시 하면 돼요. 그런데 보통은 한 번 무너지면 그냥 "네 멋대로 해라"라고 완전히 놓아 버리려 해요.

혜진 엄마 제가 그래요. "에이, 모르겠다" 하고 포기해 버려요.

칭찬 샘 오늘 무너지면 무너진 그대로 두고 내일 다시 시작하면 돼요. 3일 일관성 있게 하다가 하루 무너지면 그날은 쉬고 다음 날 또 시작하시면 돼요. 괜찮아요. 3일 해낸 능력이 모아지고 모아져서 4일이 되고, 5일이 되는 거지요. 중요한 것은 일관성 있게 하려고 애쓰는 것이에요.

혜진 엄마 칭찬 샘이 늘 강조하듯이 하루아침에 될 일이 아닌데… 제가 또 급했네요.

칭찬 샘 그래요. 공부가 습관이 되려면 3년이 걸려요. 스마트폰도 조급해하지 마시고 일관성 있게 도와주어야 해요.

 **아이를 바꾸는 엄마의 말투**

• 10대 자녀와 대화하는 노하우는 쓸데없는 것처럼 들리는 말을 집중해서 들어 주는 것이

에요.

- 부모가 10대 문화를 이해하면서 너그럽게 스마트폰 사용 시간을 관리해 주면 걱정스러운 일은 일어나지 않아요.

- 공부가 습관이 되려면 3년이 걸려요. 스마트폰도 조급해하지 마시고 일관성 있게 도와주어야 해요.

실전 연습 5

"공부는 안 하고
틈만 나면 놀려고 해요"

진혁 엄마　아이가 틈만 나면 놀려고 하니 걱정이에요. 어제는 학교에서 숙제 다 하고 왔다고 엄청 신이 났어요. 무조건 놀겠대요. "이렇게 시간 많을 때 그동안 밀린 공부 좀 해라"고 사정해도 소용이 없었어요.

칭찬 샘　"아들, 학교에서 숙제 다 하고 왔어? 쉬는 시간에 안 놀고 열심히 했구나. 숙제 다 해서 시원하겠다. 고생했으니 어서 놀아라" 하고 먼저 진혁이가 숙제한 일을 잘했다고 인정해 주고 칭찬해 주면 아이가 기분 좋게 마음 편히 놀 수 있어요. 이렇게 쉬고 나면 다음 날 공부할 때는 집중력이 훨씬 좋아져요. 노는 것은 쉼이에요.

　　　　　　　　　　　　엄마의 말투가 아이를 바꾼다 ____

진혁 엄마　아이를 놀게 내버려 두라고요? 그렇지 않아도 놀기 좋아하는 아이가 공부는 안 하고 놀기만 하지 않을까요? 정말 괜찮을까요?

칭찬 샘　아들이 원하는 대로 놀게 해 주는 이유는 그래야 엄마가 공부하라고 할 때 공부하기 때문이에요. 진혁이는 집에 와서 놀고 싶어서 학교에서 쉬는 시간에도 안 놀고 숙제했어요. 그런데 숙제를 열심히 한 일은 인정해 주지 않고 쓸데없이 노는 일에만 정신이 팔려 있다는 뉘앙스로 "공부 좀 해라"는 말을 들었으니 기분이 상할 만하지요. 기분이 상하면 엄마 말을 안 들어요.

진혁 엄마　숙제 다 해서 시간이 많으니 밀린 공부 좀 하라는데 왜 기분이 나쁠까요? 자기를 위해서 한 말인데요?

칭찬 샘　시간 많을 때 밀린 공부 좀 하라는 말은 진혁이가 받아들이기 어려운 요구예요. 이미 쉬는 시간에 놀지도 못하고 숙제를 하고 온 아이에게 또 공부하라고 요구하기 때문에 진혁이는 기분이 나쁠 수밖에 없거든요. 하지만 엄마는 어려운 요구를 했다고 생각하지 않으니 당연한 일을 왜 안 하느냐며 불만 섞인 말투로 말하게 돼요. 엄마가 아들에게 공부 좀 해 달라고 부탁을 해도 들어줄까 말까 한 일을 불만 섞인 퉁명스런 말투로, 그것도 명령하듯이 또는 짜증스럽게 말하니 진혁이는 들어주기 싫을 수밖에요. 비록 아들을 위한 일이지만 엄마가 요구를 하려면 먼저 아들이 잘한 일을 인정해 주어야 해요. 그런데 부모들은 인정하지 않고 요구만 해요.

진혁 엄마　아들이 학교에서 숙제하고 온 일이 잘한 일이라고는 아예 생각하지 못했어요. 그것은 당연하고 집에 와서 시간 많으니 더 해야 한다고만 생각했어요. 사실 집에서 놀려고 학교에서 열심히 숙제했다는 말도 못마땅했거든요. 평소 우리 아이는 그저 틈만 나면 놀려고 한다는 불만이 컸었나 봐요.

칭찬 샘　아이가 요구하는 '노는 것'을 쓸데없는 짓이라고 생각하기보다 '쉼(휴식)'으로 이해해 주면 좋겠어요. 일하고 나면 쉬어야 하잖아요? 쉬지 않고 일하면 효율이 떨어져서 건성으로 일하게 되거든요. 공부는 학생이 하는 일이라고 이해하면 우리 아이가 왜 노는 일에 집중하려 하는지 알게 돼요. 학교에서 공부하고 왔으니(일하고 왔으니) 집에 오면 일단 쉬어야 하지요. 어른도 퇴근하고 오면 일단 쉬지요. 쉬고 나서 집안일을 이어서 하지요? 동일한 원리예요. 진혁이를 공부시키려면 먼저 기분 좋게 놀게(쉬게) 해 주셔야 해요. 진혁이가 원하는 방식대로 놀게(쉬게) 해 주셔야 기분 좋게 잘 놀았으니(쉬었으니) "이제 그만 놀고 공부할까?"라는 엄마 요구를 들을 수 있어요. 어차피 아이가 작정하고 놀겠다고 하면 부모는 막을 방법이 없어요. 신나서 노는 아이에게 "공부해라"라고 말해서 들은 적이 있는지요? 한 번도 성공한 적이 없는데도 엄마는 이런 상황이 되면 또 같은 방식으로 행동하고 같은 결과를 초래하지요.

진혁 엄마　　생각해 보면 지금까지 놀겠다고 하는 아이 요구를 한 번도 흔쾌히 들어준 적이 없어요. 오히려 그러면 안 된다고만 생각했어요. 아들이 놀고 있으면 못마땅한 마음이 들고, 계속 놀면 안 된다는 마음이 앞서서 "그만 놀고 공부해라!"는 말을 쉽게 했어요. 그것도 화내고 짜증 섞인 말투로요.

칭찬 샘　　아이들이 부모 말을 안 듣는 이유는 아이가 받아들이기 어려운 요구를 부모가 당연하다는 듯이 너무 쉽게 하기 때문이기도 해요. 당연한 일을 안 한다고 야단만 치지, 당연한 일을 했을 때 인정은 안 해 주거든요.

TIP _____ **아이를 바꾸는 엄마의 말투**

・ 비록 아이를 위한 일이라도 엄마가 요구를 하려면 먼저 아이가 잘한 일을 인정해 주어야 해요. 그런데 부모들은 인정하지 않고 요구만 해요.
・ 공부는 학생이 하는 일이라고 이해하면 아이가 왜 노는 일에 집중하려 하는지 알게 돼요.

- 어차피 아이가 작정하고 놀겠다고 하면 부모는 막을 방법이 없어요.
- 아이들이 부모 말을 안 듣는 이유는 아이가 받아들이기 어려운 요구를 부모가 당연하다는 듯이 너무 쉽게 하기 때문이에요.

．
．
．

"산만해서 숙제 하나 하는 데도
집중하지 못해요"

세찬 엄마　우리 아들 요즘 피곤하기도 할 거예요. 계속 밤 12시, 새벽 1시까지 숙제하거든요

칭찬 샘　밤 12시, 1시까지 숙제를 해요? 세찬이 대단하네요. 밤늦게까지 숙제하는 일은 엄청 힘들고 괴롭지요. 숙제를 제대로 했든 못했든, 짜증을 내며 하든, 하기 싫어서 시간을 질질 끌면서 억지로 끝냈든… 어쨌든 아이가 숙제를 끝냈을 때 "수고했어. 우리 아들, 고생 많았다"라고 말해 주면 좋겠어요.

세찬 엄마　그런 말이 안 나와요. 오히려 저는 한 소리 해요. 아들에

게 매일 이렇게 늦게까지 숙제를 하느냐고 한마디 하고 빨리 자라 하지요. 아이가 숙제를 하는 동안 수시로 아이 방에 들어가서 "아직도 다 못 했어?"라고 큰소리로 나무라면서 잔소리해요. 숙제를 질질 끄는 습관이 못마땅하거든요 숙제를 하다가도 몇 분에 한 번씩 나와서 냉장고 문을 열었다 닫았다 해요. 군것질도 어찌 심한지, 밥 먹은 지 얼마나 됐다고 우유 먹고, 요구르트 먹고, 또 다른 간식 먹고… 매일 저녁부터 밤까지 계속 먹어요. 초저녁부터 들락날락하니 당연히 숙제하는 데 집중하지 못하지요. 그래서 늦게까지 하는 것이라고 잔소리해요.

칭찬 샘　　숙제를 질질 끄는 습관은 엄마 때문에 온 거에요.

세찬 엄마　　저 때문에요?

칭찬 샘　　네. 세찬 엄마는 아이가 숙제를 빨리 끝내게 해 주려고 매일 야단치거나 잔소리를 하시잖아요? 세찬이는 이런 식으로 계속 야단을 맞으면 오히려 집중력이 부족해져요. 그래서 엄마가 원하는 대로 한 번에 못하고 질질 끌면서 할 수밖에 없어요.

세찬 엄마　　더 못마땅한 것은 아이가 밥 먹고 나면 꾸벅꾸벅 조는 거예요.

칭찬 샘　　너무 하기 싫은데, 안 하면 안 되니까 억지로 하느라 숙제하는 데 집중하지 못하고 조는 거예요. 게다가 피곤한데 숙제할 생각을 하니 앞이 캄캄하죠. 그러니까 아이가 숙제하러 들어갈 때마다 잘 다독여야 해요. 피곤하고 힘든 것은 안쓰럽지만, 그래도 힘내서 숙제하는 아들이 기특하다고 말하면서 한 번 쓰다듬어 주세요. 그러면, 아이는 자기가 고생하는 것을 엄마가 알아준다고 생각하고 힘을 내요. 기분이 좋아지고 몸도 가뿐해지지요.

세찬 엄마　　그러고 보니까 계속 눈에 거슬리는 모습만 보여서 칭찬할 일이 없었어요. 또 집을 어질러 놓았느냐고 잔소리하고, 저녁에는 계속 먹는다고 잔소리하고, 숙제하다 존다고 잔소리하고….

칭찬 샘　　세찬 엄마는 맞벌이를 하면서도 세찬이를 잘 키워 보려고 나름대로 신경을 많이 쓰시죠. 그런데 세찬이를 대할 때는 마치 굉장히 미워하는 것처럼 말하고 행동해요. 제가 보기에는 세찬 엄마가 아들에게 본인의 마음을 거꾸로 표현하고 있는 것처럼 보여요. 세찬이 공부 때문에 이렇게 고민을 많이 하는 것은 그만큼 아이를 사랑하고 있다는 반증이거든요.

세찬 엄마　　아이의 행동 하나하나 못마땅해서 야단치다 보니 아이에게 애틋한 마음을 표현할 일이 별로 없었어요. 아이의 버릇없는 모습에만 집중하니까 순간순간 아들을 소중하게 여기지 못하는 것 같아요. 최근에 자녀교육서 하나를 공감하면서 읽었는데 정작 내 아이에게 행동으로 옮기지는 못하겠어요.

칭찬 샘　　이론으로 공감한다 해도 행동으로 바로 옮겨지지는 않지요. 왜냐하면 사람은 자기가 옳다고 믿는 대로 행동하거든요. 세찬 엄마는 아이를 공부시키기 위해서는 화를 내고 야단을 치는 것은 당연하고, 또한 억지로라도 공부시켜야 한다고 생각해요. 공부에 대한 이런 사고방식은 말을 안 들으면 말을 들을 때까지 계속 잔소리를 해야 한다는 신념을 가지게 해요. 잔소리를 해서라도 아이를 교육하는 것이 엄마가 할 일이라고 확신하거든요. 세찬이가 엄마 눈에 거슬리는 행동을 할 때마다 지금처럼 잔소리가 나올 수밖에 없어요. 칭찬이나 격려는 안 나오지요.

세찬 엄마　　아이가 공부도 안 하고, 성적도 엉망이고, 버릇도 없고, 게다가 엄마를 멋대로 무시한다고 생각하니까 저도 모르게 '내가 왜 너를 존중해?'라는 생각이 들더라고요.

　　　　　　　　엄마의 말투가 아이를 바꾼다　＿

칭찬 샘　　세찬이는 집중력이 약해 보여요. 아이가 공부를 안 하겠다고 하면 "아들 공부하기 싫구나" 하고 먼저 받아주세요.

세찬 엄마　　공부하기 싫다는 아이를 무조건 받아주면 도리어 더 공부 안 하는 것 아닌가요?

칭찬 샘　　아이에게 공부하라고 요구하기 전에 아이 요구를 들어주는 것이 먼저예요.

 **아이를 바꾸는 엄마의 말투**

· 숙제를 제대로 했든 못했든 어쨌든 아이가 숙제를 끝냈을 때 "수고했어. 고생 많았다"라고 말해 주세요.
· 아이 공부 때문에 고민을 많이 하는 것은 그만큼 아이를 사랑하고 있다는 반증이에요.
· 아이가 공부를 안 하겠다고 하면 "아들 공부하기 싫구나" 하고 먼저 받아주세요.

실전 연습 7

"공부를 대충 해 놓고는
다 했다고 해요"

하은 엄마　아이가 공부를 제대로 했는지 확인할 때는 제 말투가 딱딱하게 명령조로 나와요. 일부러 더 차갑게 말하는 경향이 있어요.

칭찬 샘　"다 했다니 기특하네. 잘했다. 수고했어"라고 말해 주면 돼요. 자기 공부(복습)를 했는지 묻는 목적은 칭찬해 주기 위해서예요. 하지만 엄마는 마치 학교에서 선생님이 숙제 검사 하는 것처럼 확인하기 때문에 아이가 싫어하지요. 제대로 했는지 확인하는 자세로 물으면 "다 했다고? 제대로 한 거 맞아? 어디 보여 줘 봐!"라고 말이 나오죠. 아이를 믿지 못한다는 말투예요. 그래서 아이는 엄마가 확인하는 것을 싫어하고 짜증을 내는 거예요. 하은이 기억에는 엄마가 검사할

　엄마의 말투가 아이를 바꾼다 ___

때마다 제대로 안 했다고 화를 내면서 야단친 경험이 많거든요.

하은 엄마　칭찬해 주기 위해서 확인하는 거라고요? 제대로 해야 칭찬하는 것 아닌가요?

칭찬 샘　엄마가 아이 공부를 매일 확인하는 일은 참 중요하고 꼭 해야 해요. 그래야 공부가 습관이 되니까요. 하지만 공부를 했는지 확인하는 목적은 칭찬해 주기 위해서예요. 칭찬을 받아야 매일 할 수 있으니까요. 엄마가 무조건 칭찬해 주겠다는 자세를 가지고 있으면 말투가 항상 상냥하게 나오게 되어 있어요. 하은이가 "엄마, 다 했어"라고 말할 때 "오, 다 했구나. 안 잊어버리고 복습을 다 했다니, 우리 딸 고생했네. 잘했다"라고 하시면 됩니다.

하은 엄마　제가 보기에는 대충 해 놓고 제대로 했다고 우기니까 "이게 어떻게 제대로 한 거야? 너는 왜 맨날 대충 하고 제대로 했다고 우기니?"라고 한마디 하게 돼요.

칭찬 샘　제대로 했다고 생각하는 기준은 엄마와 아이가 달라요. 하은이를 공부시키려면 하은이 기준(수준)에 맞추어야 해요. 공부는 하루 이틀 하고 그만둘 일이 아니고, 게다가 공부를 하는 당사자는 엄마가 아니라 하은이이기 때문이에요. 엄마 기준에 못 미쳐도 아이가 제대로 했다고 말했을 때 받아주고 인정해 주면 아이는 매일 공부를 해낼 수 있어요.

하은 엄마 '제대로 했느냐'보다 매일 공부하는 것이 더 중요하다는 뜻이네요? 저는 매일 공부하는 것은 당연하다고 생각하고 제대로 하는 것에 초점을 맞추었거든요.

칭찬 샘 제대로 공부하려면 우선 매일 공부해야 해요. 매일 공부하면 점점 더 제대로 하게 되거든요. 그리고 매일 공부하려면 기분 좋게(행복하게) 공부해야 해요. 아이들이 매일 공부하지 못하는 이유는 공부할 때마다 칭찬을 받지 못하기 때문이에요. 칭찬은 고사하고 엄마랑 다투게 되죠. 보통 엄마는 처음부터 제대로 해내기를 기대하기 때문이에요. 그러나 아이는 자신이 평소 공부하는 만큼 해내면 제대로 했다고 생각해요. 그러니까 아이가 "엄마, 다 했어"라고 말하면 그대로 인정해 주시면 돼요.

하은 엄마 그러면 "엄마 아직 안 했어"라고 말하면 어떻게 할까요? 화내도 되나요?

엄마의 말투가 아이를 바꾼다 ____

칭찬 샘　　하하하 아니요. 야단치기보다는 "공부하느라 힘들지? 우리 딸 고생해서 어쩌나…" 하고 격려해 주세요. 그러면 아마 아이는 "엄마, 지금이라도 할게요"라고 말할 거예요.

🪴 ___ 아이를 바꾸는 엄마의 말투

- 칭찬해 주기 위해서 자기 공부(복습)를 했는지 물어야 해요. 단, 마치 학교에서 숙제를 검사하는 것처럼 물으면 잔소리가 나올 수밖에 없어요.
- 공부는 하루 이틀 하고 그만둘 일이 아니고, 게다가 공부를 하는 당사자는 엄마가 아니라 아이예요. 따라서 아이 기준에 맞춰서 도와 주어야 해요.
- 아이가 "엄마, 다 했어"라고 말하면 그대로 인정해 주시면 돼요.

:

실전 연습 8

"지저분한 아이 방을 볼 때마다
짜증이 나요"

수진 엄마　　아이 방이 너무 지저분해서 도무지 못 봐주겠는데, 안 고쳐져요. "왜 이렇게 방이 돼지우리처럼 어질러져 있어? 빨리 치워!"라고 화내면 구시렁거리면서 겨우 치워요. 그런데 말 안 하면 다음 날 또 어질러져 있고. 이것 때문에도 아이랑 매일 싸워요.

칭찬 샘　　수진이가 정리정돈을 어떻게 하는지 몰라서 안 하는 거예요. 엄마가 마치 어려운 숙제를 내주고 "네 숙제니까 혼자서 알아서 해 봐. 제대로 하는지 보자" 하고 쳐다만 보고 있는 것과 같아요. 방을 지저분하게 내버려 두는 습관을 고치는 방법은 엄마가 아무 말 하지 않고 아이 방을 치워 주는 거예요.

수진 엄마　　휴지는 휴지통에 넣고, 양말은 벗어서 세탁실에 놓고, 옷은 옷걸이에 걸면 되는데, 5분이면 될 일을 왜 못하나요?

칭찬 샘　　별거 아닌 일을 게으름 피워서 안 한다고 생각하기 쉬운데, 그렇지 않아요. 화를 내고 잔소리하기보다는 "방이 많이 지저분하네. 숙제하고 공부하느라 치울 시간이 없지? 엄마가 치울게"라고 한 번 말해 보세요. 그리고 엄마가 대신 치워 주세요. 그러면 아이는 엄마가 해 놓은 정리정돈을 보고 배워요.

수진 엄마　　한 번 제대로 치워 주고는 "엄마가 이번은 해 주지만 다음부터는 네가 해!"라고 말하는데요.

칭찬 샘　　뒤끝 있게 말씀하시면 실컷 도와주고 효과는 없어요. 정리정돈을 전혀 못하는 아이에게 "스스로 알아서 정돈해 봐. 네 방은 네가 알아서 해. 엄마는 손 안 댈 거야" 하고 치워 주지 않고 지저분한 상태 그대로 두어 버리면….

수진 엄마　　맞아요. 제가 그런 식으로 말하는데요? 아이 버릇 고쳐 보겠다고 일부러 안 치워 줘요. "이것은 네 일이야. 네가 해야 해. 엄마는 안 도와줄 거야. 버릇 드니까"라고 말하거든요.

칭찬 샘　　그럴수록 아이는 정리정돈을 어렵고 힘든 일(마치 공부처럼)로 여기고 더 안 하려고 꾀를 부릴 거예요. 지금은 모든 것을 엄마가 다 해 주어도 정말 괜찮아요.

수진 엄마　　(잠시 생각을 하고 나서) 주말에 "엄마랑 같이 청소하고 공부하자"라고 말하면 하긴 하더라구요.

칭찬 샘　　아주 잘하셨어요. 아이들은 같이 하면 해요. 그러나 혼자 하라고 하면 안 해요. 같이 하면 쉽고 재미있거든요. 혼자 하면 재미없고, 또 하기 싫은 일이라 엄청난 에너지가 필요하지요. 어른도 청소 한 번 하려면 크게 마음먹어야 하잖아요.

수진 엄마　　수진이는 간식을 먹고 나면 껍질을 쓰레기통에 넣지 않고 책상 위에 쌓아 놓아요. 쓰레기통이 바로 옆에 있어도 아무 소용이 없어요. 먹은 자리에 그대로 놓아요. 휴지, 과자 봉지, 콜라 캔… 먹은 그대로 책상 위에 수북이 쌓아 두어요. 치우라고 말해도 나중에 보면 그대로 있어요. 그것만 보면 제가 열이 나요. 그래서 화를 내고 잔소리를 하게 돼요.

칭찬 샘　　아이 습관을 고치는 유일한 방법은요, 제대로 못할 때마

　　엄마의 말투가 아이를 바꾼다　___

다 뭐라고 하기보다 잘했을 때마다 칭찬하는 거예요.

수진 엄마　칭찬해 줘도 마찬가지예요. 소용없어요. 괜히 칭찬했다
고 생각할 정도예요.

칭찬 샘　그럴 거예요. 어쩌다 한 번 아이가 휴지를 휴지통에 넣
으면 "우리 딸이 휴지를 휴지통에 넣었네? 잘했어"라고 아이가 한 일
을 인정해 주세요. 그러면 아이가 인정받으려고 다음에 또 휴지를 휴
지통에 넣겠지요? 무심코 한 번 했는데 칭찬을 받으면 아이는 속으로
기분이 좋거든요.

수진 엄마　계속 칭찬하라고요? 휴지통에 휴지 넣는 일이 뭐 대단한
일이라고 매번 칭찬하나 싶어서 수진이가 다음에도 신경 써서 휴지통
에 넣었는데 아무 말 안 했어요. 우리 딸이 서운했겠네요? 그래서 그
런지 한두 번 하더니 또 마찬가지네요. 어휴.

칭찬 샘　사람은 생각이 안 바뀌면 행동이 안 바뀌지요. 휴지를
아무데나 버리는 수진이가 당연히 잘못했지요. 하지만 현재 수진이
가 엄마 말을 안 들으니 어쩌겠어요? 엄마가 지저분해진 아이 방을 치
워 주는 수밖에 없지요. 좋은 마음으로 계속 치워 주면서 아이에게 치

우라고 요구하면 어느 순간부터 자기 방을 치우게 돼요. 아이가 갓난아기였을 때 생각해 보면, 숟가락질을 못하니까 엄마가 떠먹여 주지요. 갓난아기가 어떻게 자기가 알아서 하겠어요? 이유나 조건 없이 그냥 엄마가 계속 다 해 주지요. 어느 순간 아기가 커서 자기가 숟가락으로 먹겠다고 나서지요. 숟가락질 할 수 있게 되면 그때부터는 떠먹여 주는 것을 싫어해요. 마찬가지로 아이 방을 엄마가 계속 치워 주다보면 어느 순간 아이보고 하라 하면 해요. 그리고 자기가 할 수 있게되면 엄마가 치워 놓는 것을 싫어하게 돼요. 자기가 하겠다고 해요. 그때까지 해 주면 되는 거예요.

수진 엄마　　그러네요. 수진이도 자기가 할 수 있는 일을 저에게 맡기지 않는 것은 맞아요. 내가 해 주겠다고 해도 자기가 하겠다고 하거든요. 그런데 옷을 벗고 딱 그 자리에 두는 것은 도대체 뭐예요? 걸면되는데, 왜 안 하느냐고요?

칭찬 샘　　엄마 속에서 열불이 날 일이지요. "제발 여기에다 걸어라"라고 말해도 안 들으니, 일단은 엄마가 제자리에 걸어 주세요. 수진이가 익숙해질 때까지 엄마가 먼저 해 주시면 돼요. 지금은 밤늦게까지 숙제하느라 옷 정리할 에너지가 없어요. 자기 방 정리? 현재는수진이가 스스로 하기는 거의 어려울 거예요.

수진 엄마　　옷을 옷걸이에 걸어라 하면 걸기는 해요.

칭찬 샘　　엄마 말을 듣네요? 그러면 엄마가 웃으면서 밝은 표정으로 "수진아, 옷 좀 걸고 가면 안 될까? 네가 매번 이렇게 뱀 허물 벗듯이 옷만 쏙 벗어 놓고 가니까 엄마 마음이 좀 그런데?" 하면 수진이가 웃으면서 옷을 걸어요. 만약 엄마 말투가 부드럽지 않고 짜증스럽거나 화난 상태로 나올 것 같다면, 아무 말 없이 그냥 해 주시는 편이 나아요. 그런데 보통은 거꾸로 하죠. 어릴 때는 엄마가 다 해 주다가 갑자기 변해서 "이제 네 일은 네가 알아서 해!" 하고 아직 준비가 안 된 아이에게 벅찬 일을 시켜요. 엄마에게는 하나도 힘든 일이 아니니까요.

수진 엄마　　아니, 방 치우는 데 5분이면 끝인데요? 그게 뭐가 힘드냐고요?

칭찬 샘　　엄마 기준에서는 별거 아니지만, 아이는 하기 싫거든요. 엄마는 아이가 싫어하는 줄 알면서도 이 나이면 이 정도는 해야 한다며 억지로 시키려는 경향이 있어요. 그래서 "이건 네가 해!"라는 말을 거의 매일 하게 되고, 아이는 안 하려 하죠. 그러다 보면, 결국 엄마 말투가 화를 내거나 짜증 섞인 잔소리로 흐르기 쉬워요.

수진 엄마   정말 제가 방 좀 치우라고 매일 잔소리를 해요. 한번은 딸이 "엄마는 나 사랑하지 않는 것 같아. 나를 미워하는 것 같아"라고 말해서 속으로 놀랐어요. 왜 이렇게 생각하는지 이해가 안 되기도 하고요.

칭찬 샘   아이가 학교를 다녀왔는데 방이 깨끗하게 치워져 있으면 아이는 기분이 좋을 거예요. '엄마가 나를 생각해서 내 방을 치워 주었다'고 생각할 테니까요. 단지 청소의 문제가 아니에요. '엄마가 나를 위해서 하셨어'라고 엄마의 사랑을 느끼는 거죠. 아이 방을 치워 주는 것이 곧 공부로 이어져요.

🪴 TIP ____ 아이를 바꾸는 엄마의 말투

- 방을 지저분하게 내버려 두는 습관을 고치는 방법은 엄마가 아무 말 하지 않고 아이 방을 치워 주는 거예요.
- 아이가 스스로 자기가 하겠다고 할 때까지 엄마가 도와주면 됩니다.
- 만약 엄마 말투가 부드럽지 않고 짜증스럽거나 화난 상태로 나올 것 같다면, 아무 말 없이 그냥 해 주시는 편이 나아요.
- 아이 방을 치워 주는 것이 곧 공부로 이어져요.

- TV를 보면서 하든, 음악을 들으면서 하든, 일단 공부하겠다는 자세는 칭찬 받을 일이다.

- 공부를 안 하던 아이가 공부 습관을 만들려면 억지로 대충 하는 과정을 거 쳐야 한다. 부모가 이 과정을 지켜보는 일이 힘들지만, 견뎌야 한다.

- 아이는 일부러 버릇없이 말하는 것이 아니라 어떻게 말해야 하는지 모르는 것이다. 어떻게 말해야 하는지 구체적으로 알려줘야 한다. 단, 따뜻한 말투 로 말하라.

- 엄마와 아이가 기 싸움을 하면 지는 쪽은 결국 엄마다. 엄마가 감정을 컨트 롤하지 못한다는 것 자체가 기 싸움에서 졌다는 의미다. 엄마도 불행해지고 아이도 불행해진다.

- 아이가 요구할 때 부모가 바로 들어주면 아이가 굳이 짜증을 낼 이유가 없 다. 그런데 부모는 쓸데없다고 여겨서 흔쾌히 들어주지 않는다.

- 아이들은 다 비슷하다. 10대 아이 대부분이 스마트폰으로 게임하면서 논다. 이것을 인정하지 않으면 아이의 스마트폰 습관을 고쳐 줄 수 없다.

- 아이가 원하는 대로 놀게 해 주는 이유는 그래야 엄마가 공부하라고 할 때 공부하기 때문이다.

- 아이가 부모 말을 안 듣는 이유는 아이가 받아들이기 어려운 요구를 부모가 당연하다는 듯이 너무 쉽게 하기 때문이다.

- 아이 공부를 매일 확인해야 한다. 그래야 공부가 습관이 된다. 다만 그 목적 은 지적하기 위해서가 아니라 칭찬하기 위해서다.

- 아이 습관을 고치는 유일한 방법은 제대로 못할 때마다 뭐라고 하기보다 잘 했을 때마다 칭찬하는 것이다.

🌱

에필로그

앞으로 칭찬하는 엄마가 될 당신에게

―――――

　말투를 바꾸는 일은 귀찮고 힘들어요. 아이에게 따뜻한 밥을 먹이는 일만큼 어려워요. 장을 보고, 영양 성분을 따져 가며 요리를 하고, 밥상을 차리고, 아이를 불러내 식탁 앞에 앉히고, 다 먹고 나면 뒷정리에 설거지까지. 양육에서 어쩌면 가장 고생스러운 일은 바로 매끼 따뜻한 밥 먹이는 일일 거예요. 그런데 부모는 이 귀찮고 힘든 일을 해냅니다. 그것도 하루도 빠지지 않고요. 간혹 배달 음식을 시키거나 '잔반 재활용'을 할지언정 아이 굶기는 일은 상상도 하지 못하지요. 타고난 성격이 못된 부모라도 자식 배곯는 꼴은 못 봅니다. 그게 부모입니다.

　저는 아이가 칭찬에 목마르다는 사실을 알게 되면 부모는 말투를 바꾸리라 확신합니다. 배고픈 자식을 외면하지 못하듯, 칭찬이 고픈 자식을 위해 어떻게든 자신을 바꾸려고 할 것이기 때문입니다. 내 아들이 공부로 힘들어 하는 이유가 칭찬 밥을 먹지 못해서라면? 공부를 싫어하는 내 딸이 사실은 칭찬 밥에 굶주린 기아 상태라면? 엄마인 당신이 이 사실을 깨닫기만 한다면, 마음이 아파서 당장 오늘부터라도 말투를 바꿀 것입니다. 힘들어도, 하기 싫어도, 하겠다고 마음을 먹게 됩니다. 엄마는 자식을 위한 일이라면 뭐든지 하거든요.

물론 칭찬이 습관이 되기까지는 시간이 걸립니다. 이 기간에는 변덕쟁이처럼 따뜻한 말과 차가운 말을 왔다 갔다 하지요. 괜찮아요. 밥하는 일도 숙련되는 데 시간이 걸리니까요. 아무리 애를 써도 요리 초년병은 맛있는 밥상을 차리기 어렵지요. 간을 제대로 맞추지 못해서 짜고 싱겁고를 왔다 갔다 하지요. 심지어 요리가 맛이 없어서 아이에게 타박을 듣는 날도 있지요. 그렇다고 밥하는 일을 포기하는 엄마는 없습니다. 다음 날 다시 밥하지요.

말투를 바꾸는 일도 동일해요. 칭찬을 하고 싶은데 마음과 다르게 화를 내거나 짜증내느라 하루가 다 지나가 버리는 날도 있을 거예요. 괜찮아요. 다음 날 다시 칭찬하려고 노력하면 돼요. 아이가 내 노력을 알아주지 못해도 괜찮아요. 매일 일찍 일어나서 아이를 위해 밥해 주어도 아이는 고맙다고 말하기는커녕 한두 숟가락 먹고 가 버리거나 맛이 없다고 툴툴거리고는 밖에서 사 먹겠다고 쌩하니 나가는 경우도 많지요.

마찬가지로 부모가 어떻게든 따뜻한 말을 건네려고 노력하는데 아이는 조금도 달라진 모습을 안 보여 줄 수 있어요. 오히려 초기에는 공부 안 하겠다고 심하게 저항하기도 해요. 그러나 정성스러운 밥상을 받은 아이가 부모도 눈치 채지 못한 사이 무럭무럭 자라나듯, 칭찬 밥을 먹은 아이도 알게 모르게 변해 갑니다. 매일 엄마가 애써 칭찬해도 아이의 공부 자세가 단번에 좋아지지 않아요. 하지만 3개월, 6개월, 1년, 2년… 매일 칭찬 밥을 먹은 아이는 어느 순간 스스로 알아서 공부하고 있을 거예요.

당부하고 싶은 점이 있어요. 공부를 점수나 성적으로만 생각하면 말투를 바꾸는 데 가장 큰 장애물이 돼요. 성적이 안 오르면 기분 좋게 공부하도록 도와주기 싫어지거든요. 내가 이렇게 말투까지 바꿔 가며 뒷바라지하건만 이럴 수가 있나 하고 낙심하거든요. 하지만 공부를 학생이 하는 일로 생각하면, 매일 일하러(공부하러) 출근하는(학교 가는) 아이를 위해 기꺼이 밥을 하듯이, 성적이 떨어진 아이를 위해 마음이 배고프지 않게 따뜻한 말(칭찬)을 더 챙겨 줄 수 있어요. 아이를 위해 매일 밥하다 보면 어느 순간 밥하는 일이 습관이 되고 쉬워지듯이, 기분 좋게 공부하도록 칭찬하다 보면 어느 사이 칭찬이 습관이 돼요. 여기까지 오면 아이도 공부가 습관이 되어 있을 거예요.

또한 말투를 바꾸는 일을 성격이나 성품이 좋아야 할 수 있는 일이라고 생각하지 말아 주세요. 기도하고 마음을 수련하고 수행도 해야 가능한 일로 생각하면 말투를 바꾸기 어려워요. '나는 종교인이 아니니 따뜻한 말 안 해도 된다' 또는 '부드럽게 말하는 것은 내 체질이 아니니 나는 절대 말투 못 고친다'라고 생각하기 쉽거든요. 성격 좋고 성품 좋은 사람만 밥할 수 있는 것은 아니지요.

한 번 뱉은 말을 주워 담을 수 없는 것도 아닙니다. 말에도 취소 기능이 있습니다. 내 말을 다시 주워 담을 수 있는 기능이 있어요. 예를 들어, 숙제하기 싫어서 빈둥거리는 아이에게 너무 화가 나서 극단적이고 심한 말을 했을 경우, 이게 아닌데 싶으면 바로 "미안해. 사실 이렇게 말하려는 게 아닌데 엄마가 말을 잘못했어. 잘했다고 말하려 했는데 엉뚱하게 말이 나왔네. 엄마가 미안해"라고 취소하면 돼요. "미안해, 엄마가 말을 잘못했어"라는 말에 아이 마음에 남아 있던 험악한 말의 영향력과 잔상이 사라져요. 따뜻한 에너지에 녹아요. 엄마도 평정을 찾고 아이도 평정을 찾아서 "우리 잠깐 쉬었다가 숙제해 보자"라고 다시 시작할 수 있어요.

어떻게 칭찬해야 할지 모를 때는 아이 말에 집중하고 공감해 주기만 해도 돼요. "어! 그랬어? 그랬어?" 아이가 하는 말을 집중해서 들으면 말 속에 깃들어 있는 기특함이 보이지요. 바로 그 기특한 말 포인트를 놓치지 않고 "우리 딸, 어쩌면 그런 생각을 다 했어? 기특하네. 말을 이렇게 재미있게 잘하네"라고 칭찬해 주시면 돼요.

돌아보면, 아이가 최소한 10분 정도는 공부를 열심히 했을 거예요. 30분을 열심히 한 적도 많았지요. 심지어 1시간을 열심히 공부한 적도 있을 거예요. 그런데 엄마가 대단하다고 여기기보다는 못마땅하게 생각하고 겨우 10분 한다고, 30분밖에 안 한다고 화를 내듯이 말을 하니 나중에는 아이가 10분조차 안 해 버리지요.

10분 공부도 대단하고 20분 공부도 대단하고… 조금이라도 공부하면 무조건 대단한 일이에요. 기분 좋게 자기 공부를 하게 하면 공부 시간이 점점 늘어나면서 집중해서 공부하는 날이 반드시 온답니다. 엄마 소원대로 스스로 찾아서 공부하는 순간이 온답니다. 칭찬으로 공부시키는 일을 겁내지 마세요. 아이를 위해 일찍 일어나서 밥하는 엄마라면 말투도 바꿀 수 있답니다.

부록

시험공부를 하는
아이의 속마음 엿보기

"아이가 시험만 보고 나면 꼭 다투게 돼요. 왜 그럴까요?"라는 질문을 많이 받습니다. 아이들은 시험공부를 할 때 "벌써 끝났어? 대충 하지 말고 제대로 공부해라!"는 말을 정말 듣기 싫어합니다. 본인은 제대로 열심히 하고 있다고 생각하기 때문입니다.

예능 프로그램 〈골목 식당〉에서 본 장면이 기억납니다. 식당 사장님이 백종원 대표로부터 조언이 담긴 지적을 받자 그렇게 한 적이 없다고 우깁니다. 하지만 VCR로 녹화된 자신의 모습을 보고 놀라서 "내가 이런 습관이 있는 줄 오늘 처음 알았어요"라며 머쓱하게 웃었습니다. 아이들도 공부에 대해 본인이 가지고 있는 나쁜 습관을 잘 몰라요. 나쁜 습관이 있다는 것을 모르기 때문에 "벌써 다 끝났어? 대충 하지 말고 제대로 공부해라!"라는 말을 강하게 부정하지요.

시험 점수는 마치 거울과 같아서 신기하게도 내가 공부한 만큼 점수로 나옵니다. 대충 공부했는데 성적이 잘 나오는 경우는 없지요. 그래서 시험 점수에 대해 피드백을 하는 것은 자기 공부 습관을 돌아보는 좋은 기회가 됩니다. 외출하기 전에 거울을 보면서 내 옷 매무새를 바로잡듯이, 시험 후 점수라는 거울을 통해 각 과목의 공부 습관을 스스로 점검해 볼 수 있는 것이지요.

하지만 아이들은 부모에게 시험 이야기를 진솔하게 하지 않습니다. 아니 말하기 싫어합니다. 부모는 듣고 싶지만 아이는 거부합니다. 부모가 지적하는 자세로 듣기 때문입니다. 사람은 지적을 당하면 인정하지 않으려 합니다. 평소 자신의 공부 습관이 성적으로 여실히 드러났는데도 "나 공부했다고! 왜 자꾸 공부 안 했다고 말하는데? 엄마 말 듣기 싫어!"라며 대들듯이 반응하는 것은 부모가 성적, 점수라는 거울을 아이가 부끄럽게 보도록 만들기 때문입니다. 이렇게 되면 아이는 성적이라는 거울을 보지 않기 때문에 잘못된 습관을 모르고 다음 시험에서 동일한 실수를 반복할 가능성이 매우 높지요.

부모가 너그러움과 칭찬으로 공부 뒷바라지를 꾸준히 해 주어야 설령 성적이 떨어지더라도 아이가 속마음을 털어놓을 수 있습니다. 시험공부를 어떻게 했는지 허심탄회하게 말하다 보면 마치 VCR로 녹화된 자신의 모습을 보듯이 자신의 잘못된 습관을 인정하게 됩니다. 그러면 고치려고 노력하게 되고, 성적은 향상되지요.

다음은 선영이의 시험 성적에 대한 피드백입니다. 선영이의 피드백을 통해 아이들의 시험공부에 대한 생각이 부모의 생각과 얼마나 다른지 알 수 있을 거예요. 자기 점수에 대한 아이의 생각을 알면 어떻게 칭찬해야 하는지 알기가 쉬워요.

중학교 1학년 1학기 기말고사

수학 공부를 열심히 했더니 시험 범위 안에 있는 내용은 다 알게 돼서 기쁘다. 수업 시간에도 선생님 설명이 귀에 쏙쏙 들어와서 신기하고 기분이 좋았다. 과학이 살짝 걱정되지만 내가 좋아하는 과목이니 언제든지 할 수 있다고 생각한다. 칭찬 샘이 "시험공부를 하면 정말 기분이 좋아진다"고 말씀하셨는데, 무슨 뜻인지 알 것 같다. 시험에 대한 자신감도 생기고 은근히 시험이 기대가 된다.

영어 독해(92)   시험공부를 하면서 '설마 이런 문장이 시험에 나올까?' 하는 생각으로 소소한 문장은 안 봤는데, 거기에서 문제가 나와서 당황했다.

도덕(92)   하기 싫어서 마지막 두 페이지는 보지 않았다. 100점을 얼마든지 맞을 수 있었는데, 너무 아쉽고 부끄럽다.

국어(64)   시험 범위 끝까지 공부를 다 못 했다. 앞으로 책을 많이 읽어야 할 것 같다.

사회(80)   시험공부를 할 때 중요하지 않다고 생각하고 대충 넘긴 문제들이 나오는 바람에 헷갈려서 틀렸다.

수학(83)   시험공부는 열심히 했는데 덜렁거려서 계산을 실수했다. 침착해야겠다.

과학(68)   평소에 잘하는 과목이고 쉽다고 생각해서 시험공부를 소홀히 했다. 자만하지 않고 공부만 했으면 90점 이상은 문제없었는데, 후회된다.

중국어 문화(96), 중국어 회화(77)   중국어 회화는 평소 자신이 있던 과목이라 쉽다고만 생각하고 시험 문제를 제대로 안 읽었다.

부모는 아이가 시험 문제를 제대로 안 읽을 수도 있다는 생각을 거의 하지 못해요. "어떻게 그럴 수가 있을까? 어떻게 이렇게 시험을 소홀히 할 수가 있지?"라며 정말 이해가 안 간다고 한탄하면서 지적하듯이 말하면, 아이는 다시는 시험에 대해 부모와 대화하지 않게 돼요. 아이가 시험을 잘 못 본 이야기를 할 때 정색하기보다는 웃으면서 아주 재미있게 들어 주어야 해요. 아이가 시험 점수에 대해 아쉬워하면, 엄마도 같이 "엄마도 그러네. 우리 딸 속상하겠다"라고 아이 말에 적극적으로 동의하는 반응을 보여 주어야 해요. 그래야 아이는 시험에 대해 서슴없이 구체적으로 말하게 되고, 말하면서 본인 스스로 정리하거든요.

실제로 공부를 싫어하는 아이는 거의 대부분 매 시험마다 한 번 이상씩 실수를 해요. 더군다나 이런 자세는 한 번에 바로 고쳐지지 않아요. 시험을 진지하게 생각하지 않아서가 아니고, 그동안 공부를 안 한 만큼 본인의 몸에 밴 잘못된 습관으로 생긴 문제인 것이죠. 그러므로 지적해 주는 방식으로는 고쳐지지 않아요. 본인 스스로 말하면서 생각하도록 부모가 아이 말을 집중하면서 들어 주면 돼요.

중학교 1학년 2학기 중간고사

자습 시간이 많아서 학교에서 공부를 다 해서 집에서 할 일이 없었다. 내가 공부를 안 하고 있으니 엄마가 화를 내서 엄마랑 싸웠다. 화가 나고 기분이 나빠서 공부는 안 하고 게임만 했다. 시험 기간에 무슨 게임이냐며 게임하지 말라고 엄마가 소리치고 짜증을 내서 내가 더 짜증을 냈다. 아침에 미안하다고 말씀드려서 엄마 기분이 풀렸다. 그래도 학교에서는 시험 기간이라 긴장하고 집중해서 그런지 선생님 설명이 잘 들어온다.

중국어(79) 선생님이 주신 프린트 문제집을 외우고 작년 시험 문제를 참고해 공부했는데, 이번 시험은 작년 시험과 반대로 나와서 낭패를 봤다.

국어(80) 시험공부를 하면서 자신감이 더 생겼다. 시험을 빨리 끝내고 싶은 마음에 지문을 꼼꼼히 안 읽는 경향이 있는 것 같다. 선생님이 내주는 프린트 문제집과 필기 기록이 아주 중요하다는 것을 깨달았다.

과학(84) 과학은 내가 좋아하는 과목이지만 지난 번 성적이 안 좋아서 걱정이 많이 되었다. 암기할 내용을 평소에 잘 안 외웠더니 시험공부 할 때 힘들었다. 지난 번 성적이 왜 그리 낮았는지 이해가 된다. 아는데도 실수해서 틀렸다고 생각했는데, 공부를 안 했었다는 것을 깨달았다. 성적이 잘 나와서 다행이다.

수학(80) 학교와 학원에서 시키는 대로 공부하고 집에 와서 문제도 다 풀었다. 그런데도 정작 시험을 볼 때는 검토를 안 하고 문제를 대충 읽는 바람에 실수했다.

중학교 2학년 1학기 중간고사

첫째 날, 둘째 날 시험을 잘 봐서 기분이 너무 좋고 자신감도 생겼다. 셋째 날, 넷째 날도 잘 볼 거라는 생각으로 긴장이 풀려서 효율적으로 공부하지 못했다. 성적이 좋을 거라고 상상만 해도 괜히 으쓱해져서 자꾸 딴 생각이 나서 집중이 잘 안 됐다.

국어(93) 시험공부를 시작할 때는 '이렇게 공부하면 될까?'라는 의문이 들었지만, 공부하면서 '되겠구나'라는 느낌이 왔다. 자습실에서 모르는 것은 친구에게 물어 가면서 국어 공부를 했다.

역사(100) 교과서를 거의 다 외울 정도로 반복해서 읽었다. 열심히 공부해서 그런지 문제가 쉽다고 생각했다. 하지만 선생님이 주신 프린트 문제집은 안 봤다. 만약 프린트 문제집에서 시험 문제가 나왔다면 조금 당황했을 것 같다.

영어 문법(84) 마지막 날 마지막 시험이었다. 드디어 시험이 끝난다는 생각에 너무 들떠서 집중하지 못하고 문제를 대충 보고 답을 썼다.

각 과목들에 대한 선영이의 공부 자세가 점점 진지하게 바뀌고 있어요. 성적도 향상되고 있어요. 흥미로운 것은 어른 생각으로는 첫째 날, 둘째 날 시험을 잘 보면 나머지 셋째 날, 넷째 날 시험도 잘 보기 위해서 더 열심히 할 것 같은데 아직 공부가 익숙하지 않은 아이 생각은 그렇지 않다는 것이에요. 기분이 붕 뜨거나 또는 더 잘 봐야 한다는 부담감에 집중하지 못하는 상황이 발생해요. 이런 아이의 심리적인 상황을 부모가 미리 헤아려서 안정감을 갖고 마음 편안히 공부하도록 도와주면 실수를 줄이는 데 큰 도움이 되지요. 또 재미있는 점은 중간고사 시험 기간이 보통 3~4일인데 마지막 날 마지막 시간에 집중하지 못한다는 거예요. 어른 관점으로는 상상하기 어려운 일입니다.

중학교 2학년 1학기 기말고사

국어, 수학, 과학, 역사 시험을 너무 못 봤다. 기분이 안 좋고 우울해서 밥도 안 먹었다. 점수만 생각하면 나도 모르게 인상이 굳어진다.

국어(60) 정말 열심히 공부했는데… 시험 보면서도 쉽다 생각했는데… 막상 채점을 하니 점수가 안 좋다. 내 공부 방법에 대해 자신이 없어진다. 앞으로 국어 공부를 어떻게 해야 하지?

수학(64) 학원에서도 문제를 많이 풀어서 따로 공부할 필요성을 못 느꼈다. 점수가 너무 안 나와서 나도 모르게 시험지를 찢었다. 문제를 두 번 다시 쳐다보고 싶지 않았다.

과학(78) 내가 좋아하고 잘하는 과목이라 언제든 공부할 수 있다고 생각했다. 다른 과목 먼저 공부하고 시간 나면 공부하면 될 것 같았다. 그런데 결국 시험공부를 제대로 하지 못하고 시험을 보게 되었다. 평소에 잘하는 과목이라도 시험공부를 하지 않으면 점수가 안 나온다는 것을 알았다.

역사(68) 지난번에 열심히 공부했는데 쉬운 문제만 나와서 열심히 공부한 것이 조금 억울했었다. 지난 시험에서 100점을 맞아서 이번에도 쉽게 나올 것이라고 예상하고 쉬운 내용 위주로 공부했다. 하지만 막상 문제지를 받아 보니 훨씬 더 어려워서 답을 쓰기가 어려웠다.

영어 독해(92), 영어 문법(90), 영어 회화(100), 중국어 회화(90) 어학은 평소에 밀리지 않고 공부하니 확실히 시험공부에 도움이 많이 되는 것 같다.

선영이는 공부 컨설팅을 시작하고 거의 2년 만에 성적이 안 좋아서 우울하다고 밥을 안 먹는 일이 일어났어요. 시험이나 점수에 크게 관심이 없던 친구였거든요. 그런데 드디어 시험에 대한 자세가 바뀐 것이지요. 모든 과목의 점수를 잘 맞고 싶은 욕심이 생긴 것이라 저는 비록 지난 학기보다 성적은 많이 떨어졌지만 아이의 이런 자세에 대해서는 아주 많이 칭찬해 주었어요.

학생이면 당연히 모든 과목을 다 잘하고 싶어 한다고 생각하지만, 실제로는 그렇지 않아요. 성적이 좋으면 좋겠지만 안 좋아도 괜찮다는 생각을 갖고 있는 학생이 아주 많아요. 공부가 습관이 되기 전까지는 모든 과목을 공부하지 않고 본인이 좋아하거나 하고 싶은 과목만 공부하는 경우가 더 많아요.

선영이는 과학에 대한 피드백이 중학교 1학년 때나 2학년 때나 똑같아요. 생각이 바뀌지 않으니 90점 이상 받을 수 있는 실력을 가지고 있으면서도 시험공부를 소홀히 해서 성적으로는 나오지 않지요. 역사를 100점 맞고 시험이 쉽게 출제되어서 열심히 공부한 것이 억울하다며 기말고사에서 공부를 대충 한다는 발상은 부모들이 상상할 수 없을 정도로 기발하지요. 부모가 성적에 대해서 아이가 하는 말을 다 받아주어야 아이가 본인 생각을 가감 없이 말할 수 있어요. 공부에 대한 아이의 생각을 알면 어떻게 도울지도 알게 돼요. 그러나 지적하는 것은 금물이에요.

중학교 2학년 2학기 기말고사

가장 열심히 시험공부를 했다. 전에는 이렇게 열심히 한 적이 없을 정도로 밤늦게까지 했다. 그런 내가 걱정이 되는지 엄마가 "그만하고 어서 자거라"라고 말할 정도로 열심히 했다. 시험 결과도 자랑스럽다. 중국 문화가 조금 아쉽기는 하지만….

국어(90) 인터넷 강의를 3번 정도 반복해서 들으면서 열심히 했다. 하지만 시간이 없어서 난이도 있는 문제집을 못 풀었던 것이 조금 아쉽다.

역사(95) 인터넷 강의를 2번이나 들어도 자신이 없어서 문제집도 풀었다. 선생님은 책에서만 나온다고 하셨지만 수업 시간에 강의를 들으면서 필기를 해 둔 어려운 문제도 나왔다. 다행히 답을 쓸 수 있어서 기분이 좋았다.

수학(92) 지난번보다 성적이 올라서 기뻤지만, 다른 한편으로는 아주 기본적인 문제라서 틀릴 수 없는 문제를 틀려서 많이 아쉬웠다.

영어독해(92) 단어, 숙어는 외웠는데 문장을 안 외워서 문장을 외워야 쓸 수 있는 문제들을 틀렸다.

영어문법(92) 교과서에 답을 틀리게 써 놓은 문제가 시험에 나와서 틀렸다. 정답이라 확신했는데 채점을 해 보니 내가 답을 틀리게 알고 있었다. 또 하나는 시험 문제를 주의 깊게 안 읽어서 시제 문제를 틀렸다.

중국 문화(88) 공부할 내용이 워낙 많아서 공부를 하나 안 하나 성적은 마찬가지이겠다 싶어 공부를 거의 안 했다. 1학년 때는 중국 문화가 재미있고 쉬워서 수업 시간에만 들어도 무리가 없었다. 그런데 2학년에 올라오니 공부할 내용이 점점 많아져서 손을 대기가 겁이 난다.

선영이는 시험과 공부에 대한 생각과 자세가 바뀌자 전 과목 성적이 좋아졌어요. 공부에 대한 생각이 바뀌고, 시험에 대한 자세가 바뀌고, 오답 정리를 착실히 하고, 시험 점수에 욕심을 내는, 이런 일련의 과정은 하루아침에 이루어지는 것이 아니에요. 부모는 "조금만 더 하면 되는데 왜 제대로 안 하니? 왜 꼼꼼하게 공부하지 못하고 꼭 실수를 해서 시험을 망쳐?"라고 다그치지만, 부모가 생각하는 그 '조금만 더'라는 성과가 한 번에 갑자기 이뤄지는 것이 아니거든요. 시험을 보고 난 후 부모로부터 잘했다는 칭찬과, 성적이 떨어진 과목에 대한 격려와, 열심히 공부한 것에 대한 인정을 지속적으로 받아야 꼼꼼하게 제대로 공부하고 싶은 의욕이 생겨요.

선영이가 2년이라는 긴 시간이 걸린 이유도 처음에 열심히 공부한 몇몇 과목에서 좋은 성적을 거두자 계속 더 잘해야 한다는 부담감이 커졌기 때문이에요. 다음에는 성적이 안 나올까 봐 지나치게 긴장되고 걱정했다고 말하네요. 부모가 이런 선영이의 불안한 마음

엄마의 말투가 아이를 바꾼다

을 헤아리지 못하고 도리어 지난번보다 잘 봐야 한다고 압박을 많이 한 이유도 크지요.

어른 생각으로는 긴장하고 걱정을 많이 하면 더 집중해서 공부할 것이라고 기대하지만, 실제로는 그렇지 않아요. 중학생이든 고등학생이든 부모는 다 컸다고 생각하지만 이제 겨우 10대인 아직은 어린 아이예요. 지나친 긴장이나 걱정은 집중력 저하로 이어지죠. 자기 공부 시간이 줄어드는 역효과가 나기도 해요. 부모가 시험 성적에 민감하게 반응하거나 시험을 잘 봐야 한다는 부담을 안겨 줄수록 아이는 그 부담을 감당하지 못하고 오히려 대충 공부하는 성향이 짙어져요.

선영이도 이런 심적인 부담을 이겨내는 데 시간이 필요했기 때문에 전 과목 모두 본인이 만족할 만한 성적이 나오기까지 2년의 시간이 걸릴 수밖에 없었어요. 꾸준히 시험과 공부 방법을 점검하면서 습관과 생각을 바꾸는 일이라 시간이 걸릴 수밖에 없기도 하고요. 하지만 부모가 아이의 못마땅한 시험 점수도 적극적으로 격려하고 인정해 주면 시간은 얼마든지 단축될 수 있어요.

엄마와 사이가 좋아지고 엄마에 대한 신뢰가 쌓였을 때, 선영이는 시험 성적이 떨어지자 다음과 같이 자신의 생각을 정리하기도 했지요.

'엄마에게 너무 미안해서 시험 성적을 말해 주지 않고 이틀 동안 밥을 잘 못 먹었다. 저녁에 운동하러 나가는 엄마에게 스마트폰을 맡겼다. 나 스스로 조절할 수 있다고 생각했는데, 부모님이 안 계시고 혼자 있는 시간에는 안 된다는 것을 인정하기로 했다. 그리고 엄마에게 저를 다잡아 달라고 부탁했다. 이번 시험에서 실패한 결정적인 이유는 어려운 문제를 풀어야 하는 줄 알면서도 풀고 싶지 않아서 쉬운 문제 위주로 공부했기 때문이다. 공부한 시간은 많았으나 효과적인 공부가 되지 못했다. 교과서만 열심히 읽고 외웠을 뿐, 문제집을 거의 풀지 않아서 문제가 조금만 변형되어 나와도 맞출 수 없었다. 계속 낙심하고 기분만 나빠하면 무슨 소용이 있겠는가? 지금부터라도 다음 시험 준비를 하자고 스스로 다짐하고 정말 공부하기 싫었지만 공부하기 시작했다. 막상 공부를 하니 걱정이 사라지고 마음이 편안해졌다.'

아이는 부모로부터 자신이 공부한 것을 인정받아야 성적이 나오지 않을 때 부모에게 미안한 마음이 들어요. 그렇지 않으면 미안하다고 말하지 않지요.

아이의 태도를 바꾸고, 관계를 개선하고, 성적까지 끌어올리는 법

엄마의 말투가 아이를 바꾼다

ⓒ 황윤희 2020

인쇄일 2020년 11월 2일
발행일 2020년 11월 9일

지은이 황윤희
펴낸이 유경민 노종한
기획마케팅 1팀 우현권 **2팀** 정세림 금슬기 최지원 현나래
기획편집 1팀 이현정 임지연 **2팀** 김형욱 박익비
디자인 남다희 홍진기
펴낸곳 유노라이프
등록번호 제2019-000256호
주소 서울시 마포구 월드컵로20길 5, 4층
전화 02-323-7763 **팩스** 02-323-7764 **이메일** uknowbooks@naver.com

ISBN 979-11-91104-02-8 (13590)

- 책값은 책 뒤표지에 있습니다.
- 잘못된 책은 구입하신 곳에서 환불 또는 교환하실 수 있습니다.
- 유노라이프는 유노북스의 자녀교육, 실용 도서를 출판하는 브랜드입니다.
- 이 도서의 국립중앙도서관 출판예정도서목록(CIP)은 서지정보유통지원시스템 홈페이지(http://seoji. nl.go.kr)와 국가자료공동목록시스템(http://www.nl.go.kr/kolisnet)에서 이용하실 수 있습니다. (CIP제어 번호: CIP2020045378)